U0011611

一上桌就秒殺！

胖仙女（蔡宓苓） 著

在家做出70道收服孩子的餐廳級料理

前言
從廚房到餐桌——一家人共築的美好時光

很多朋友都好奇，為什麼我會取名為「胖仙女」，其實是因為多年前孩子還很小的時候，為了成立部落格，問了孩子取什麼名字好，孩子們說媽媽很像仙女，我們許願的食物都能做出來！當時他們正看著卡通，卡通中的仙女瘦得過分，我自愧差太多，就自己加了個「胖」字，想來也比較心安理得。

下廚多年，熱愛料理、烘焙，慢慢累積成今天的我，孩子們點什麼菜，我大多做得出來。久而久之，我們一家偶爾外食，絕大部分在家開伙，做出來的料理總能收服孩子的胃，一上桌就秒殺！他們漸漸長大，也不再是坐享其成，餐桌上的美味，有很多是我們一家人共同的成果。

如何練就餐廳級料理功夫

還記得小時候，爸媽在假日會帶我們四個孩子去外面吃飯，大餐廳、小館子、小吃店都有，只要吃到好吃的料理，我那對喜愛美食的爸爸與手藝絕佳的媽媽，回家就會開始研究怎麼做出來。

長大後，我也養成這種習慣，在外面吃到好吃的，尤其是小孩點菜，能在家做出來的菜餚，我也會回家慢慢試做出適合家人的版本。

　　我覺得在家做出餐廳級的料理，並不是一種要和外食水準比拼的心態，反而是把家人在外面一起吃飯的美好回憶，因著那道料理又帶了回家。當然，做出來的東西也要好吃，但更多的誠意是「適合家人」，比方家裡有人喜歡辣一點、不喜歡太鹹、太油等等，做出屬於自家的味道。

　　如果想在家做出接近餐廳的味道，可以這樣做喔！

│ 換個舌頭品嚐 │

　　在外面吃飯，我們通常想要放鬆甚至放空，盡情品嚐食物的美好。如果我在外面吃到好吃的東西，想要在家裡複製出來，就會自動換成「掌廚者」的舌頭，一點、一點慢慢的吃，吃的時候先思考裡面有什麼樣的調味料，接著再去想可能是如何做出來的，然後立刻記在手機裡面。

│ 在家試做 │

　　第一次試做，絕對不逼自己要成功，不然失敗了一定會有挫敗感。網路上不難找到相關的做法，我會先找幾個版本大致看過，如果做出來的味道不對，再去檢查是不是哪些環節出了問題。找出問題之後記得做個筆記，每一次做都有所改善，就會更接近理想的味道。

│ 多看多問 │

　　要增進廚藝，多看、多問很重要！網路上有很多的食譜、影片可參考，遇到不清楚的地方，這些資訊的留言區就可以多加利用。我自己除

了學生的問題，平日裡也很常回答網友的問題，無論是我文章的留言或私訊。如果是我自己遇到的問題，我很喜歡詢問長輩，他們做菜經驗比我多上幾十年，問他們總是很像在挖寶；再不然我會去上相關的課程，把老師的重點學回來，同時也能直接詢問老師，解開卡關的部分。

如何讓孩子一同參與做菜

孩子還小的時候，我每天為了他們的三餐忙到不行。女兒和兒子姐弟倆差了兩歲半，年紀差得並不多，從做副食品到適合學齡前兒童的餐食，有那麼個三五年，我覺得自己很像小孩奴。

等到孩子大了一點，開始探索這個世界，食物當然是其中一環。他們看著我在廚房忙碌的身影，湊近好奇地看、聞、聽，然後開始幫忙，到之後和我一起做菜、做點心，我才發現自己不再是小孩奴，我們分工合作，把在廚房辛苦的成果一起端上餐桌，再開心的吃掉，這種感覺真的很美好！

我想起自己小時候，喜歡倚在廚房的門口看媽媽做菜、聽著鍋鏟在鍋子中翻炒的碰撞聲，偶爾我也會湊近問媽媽，哪一道菜是怎麼做出來的？然後伸手去做我能做的部分。那樣日常而平凡的一幕幕，小時候沒什麼感覺，直到長大成人，才發現那就是最自然的廚房教育，等我成為母親之後，下廚的機會頻繁，媽媽的手藝彷彿移植般，讓我成為另一個她。

我自己讓孩子幫忙廚房的事，大概從他們四、五歲開始。不要小看小小孩，覺得他們幫不了什麼忙，像「銀芽」這種簡單又訓練手部肌肉的食材處理，要剔除綠豆芽的頭尾，大人會覺得很麻煩，小孩卻覺得很好玩！

當然，讓小小孩幫忙有時也不真的是需要他們幫多少的忙，重要的是參與其中。不過我不諱言，孩子太小的時候，容易打翻東西、簡單的東西花太久的時間……的確容易讓大人抓狂！有次我的孩子打翻麵粉，我原本很想大叫，後來冷靜下來想一想，到底是誰的問題？當然是我啊！我根本沒有準備好，就要孩子一起做。準備好什麼？一個是適合的環境，一個就是大人的耐性，所以，有幾點建議提供大家參考。

| 準備好再開始 |

孩子還小的時候，可以給一個安全範圍，比方餐桌的一區，鋪一個揉麵墊，就讓孩子在這個範圍中幫忙做。工具的話除了安全性的考量，也要特別準備讓孩子好拿的器具，比方兒童用的打蛋器、攪拌刮刀，還有像日本也有販售專門給兒童的安全菜刀。

既然要孩子共同參與，就不要抱著讓孩子分憂解勞的心態，要告訴自己它絕對是一件麻煩（卻值得）的事情，做最壞的打算，食材灑一地、麵粉打翻、水潑得滿桌都是……記住哪個孩子不是從這樣開始的？用耐心陪著做，將來等孩子長大有了廚藝，也不枉爸爸媽媽今日咬牙撐過，

不是嗎？

｜依照不同階段給任務｜

　　每個孩子都不同，與其依照不同年齡給任務，更重要的是不同階段。為什麼這麼說呢？我曾有國中生學生，從六歲開始煮飯，到了國中，翻鍋輕而易舉，也有十五歲的學生，來上課的時候第一次知道如何開瓦斯爐的火。從幫小忙→幫更多忙→成為掌廚者的副手→可以獨立作業……每個孩子的進程都不同，大人可以依照不同的階段給予適當的任務。

｜不只做，還要給知識｜

　　親子一起下廚，我覺得最美好的不只共同手作的快樂，除了一邊聊天，還可以給孩子飲食安全及健康的各種觀念。馬鈴薯發芽了不能吃、油炸用油只能用一回、紅蘿蔔要和油一起烹煮才能攝取到脂溶性維生素……小孩的問題總是很多，或者沒有問題，大人也可以趁著一起做菜的時候，給予更多的情境知識。我現在年紀大了，回頭想想從小到大，我媽媽跟我說過那些當初覺得很瑣碎的廚房知識，真的非常重要，超感謝媽媽的啊！

　　這本書收錄了七十道收服孩子的餐廳級料理、點心，但卻不是一本小孩奴的說明書。每一道都有「孩子如何一起動手做」的建議，讓親子可以一起動手做，增進感情之外，也能更加惜食！盼望喜愛美食的你，能和我一樣，時常享受和孩子一起下廚的幸福時光！

香蕉蛋糕 ●●●●●●●

女兒6歲、兒子4歲的時候做的香蕉蛋糕。
別看照片好像很和諧，做之前姐弟倆吵翻天，爭著誰先開始，我當時材料全部都先準備好，
然後和他們講好有哪幾個步驟輪流做、哪幾個互相幫忙，
才完成了這些香蕉蛋糕。

1

2

3

4

5

麵包布丁 ●●●●●●●●

這是兒子再大半歲時，由他主要做的麵包布丁，
一樣是非常簡單的又甜點。
切麵包的刀子是去日本玩時買回來的兒童專用刀，
雖然非常不利而安全，
還是仔仔細細教了握刀與切的方式，
才讓他自己操作。

戚風蛋糕

★★★

Happy Mothers' Day

女兒 12 歲、兒子 10 歲的時候，已經可以獨立做簡單的戚風蛋糕，
這是母親節為我做的蛋糕！
孩子從小習慣動手作，
長大了最大的好處，除了可以從零開始做，
最重要的是還可以自己清潔善後，大人不會太累啊！

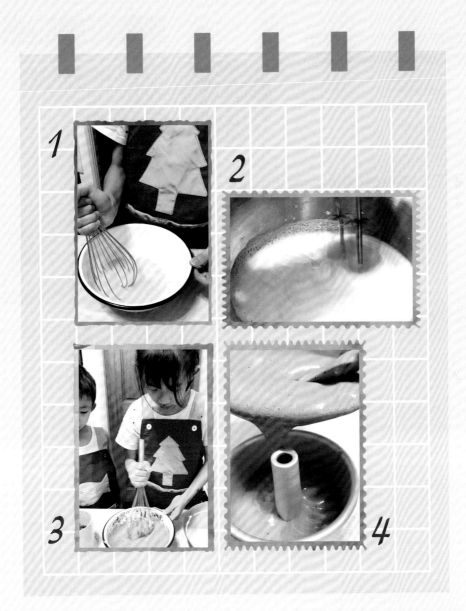

目錄

中式料理篇

日式料理篇

韓式料理篇

西式料理篇

點心篇

特別收錄

學會 5 道菜，做出上學＆野餐都適用的百變便當！

中式料理篇

糖醋魚片

酸酸甜甜的糖醋料理，很少有孩子不愛！一般在餐廳很常吃到糖醋排骨，或是整條魚的糖醋魚，多數孩子喜歡肉勝過魚，而整條魚也不易入口，這道特別以去骨的魚片來製作，讓不愛吃魚的孩子也會愛上！

▌材料

去骨鯛魚……400 公克
洋蔥……1/3 個
甜椒總量……1 個
蒜頭……2 瓣
木薯粉（或樹薯粉）……100 公克

▌醃料

米酒……1 小匙
鹽……1/2 小匙
蛋白……1 小匙

▌糖醋醬

白醋……3 大匙
糖……2 大匙
番茄醬……3 大匙
水……1 大匙

▌製作小提醒

糖醋醬燒開的時候務必以小火進行，免得收汁太快，等不及每塊魚片沾裹住。如果醬汁太過濃稠，可適時再加一點水。

1. 洋蔥和甜椒切片；蒜頭去皮後切末。

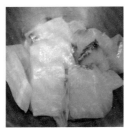

2. 鯛魚切片之後，以〔醃料〕抓醃約 15 分鐘。

3. 醃好的魚片裹上木薯粉之後，抖落多餘的粉，靜置返潮。

4. 鍋中放入可以蓋過一半魚片的油量高度，熱鍋後放入魚片，以半煎半炸的方式將兩面煎至金黃色，起鍋備用。

5. 將〔糖醋醬〕中的所有材料混合均勻。

6. 炒鍋中放入約 1 大匙的油，油熱後放入蒜末炒香。

7. 再放入洋蔥和甜椒，炒至口感仍脆即可，接著倒入〔糖醋醬〕拌炒一下。

8. 醬汁滾了之後放入魚片，轉為小火，輕拌至每一個魚片均勻沾裹到醬汁，熄火。

孩子一起動手做

醃魚片，還有醃好的魚片沾裹木薯粉，都可以交由孩子來做。糖醋醬也可以讓孩子來製作，因為要用到量匙，還能夠建立調味料用量的基本概念。

左宗棠雞

這道菜是知名老餐廳獨創的料理，很多人到這家餐廳一定會點，在家要做出接近的味道一點都不難！雞肉先醃製，炸過之後再以調味料燒開收汁。不想起油鍋去炸的話，這個步驟也可以用氣炸鍋進行。

▌材　料

去骨雞腿……400 公克
辣椒……1 根
蒜頭……2 瓣
薑……1 小塊
香油……1 小匙

▌醃　料

蛋液……1 大匙
醬油……1 大匙
米酒……1 大匙
太白粉……1 大匙

▌調味料

醬油……2 大匙
白醋……1 大匙
糖……1 大匙
番茄醬……1 大匙
米酒……2 大匙

製作小提醒

切雞腿肉的時候，如果刀子不夠利，會發現皮的部分比較難切斷，可將雞肉保持半凍狀態去切，會發現容易得多。如果孩子不敢吃辣，辣椒也可省略不用。

1. 將雞腿肉切塊，以〔醃料〕醃約15分鐘。

2. 蒜頭及薑切片，不想太辣的話，辣椒直剖一半去籽後切片；要做辣味的話，辣椒直接切段。

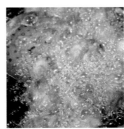

3. 炸鍋中準備足夠的油，油加熱至約 160-170℃時放入醃好的雞肉，炸至金黃色熟透後，開大火將油逼出，取出備用。

4. 將〔調味料〕中所有的材料混合均勻。

5. 炒鍋中加入 1 大匙油，炒香所有的辛香料。

6. 倒入調好的調味料拌炒至微滾。

7. 再加入雞肉拌勻，讓每一塊雞肉都沾裹到醬汁。起鍋前淋上香油。

孩子一起動手做

醃雞腿和調製調味料的部分都可以交由孩子來做。油炸對孩子來說較危險，如果選擇以氣炸的方式，也可以讓孩子負責這個部分，同時學會如何操作廚房家電。

鳳梨蝦球

這道大小朋友都很喜歡的鳳梨蝦球，傳統版本的美乃醬，就是大量的美乃滋，總覺得吃起來非常膩口。我家的版本加入優格取代一半以上的美乃滋，吃起來很清爽，更加沒有負擔！

▋材 料

草蝦……130 公克
鳳梨……50 公克
太白粉……30 公克

▋醃 料

鹽……1/4 小匙
米酒……1/2 小匙
太白粉……1/2 小匙
蛋白……1 小匙

▋美乃醬

原味優格……50 公克
美乃滋……30 公克

▋製作小提醒

因為炸好的蝦球要裹美乃醬，如果炸得不酥脆，裹醬之後容易溼溼軟軟的不好吃，所以最好炸第二次「搶酥」，裹醬之後還能維持酥脆彈牙的口感！

1. 蝦子去頭之後，用食物剪刀開背去腸泥，再剝除全部的蝦殼。

2. 將蝦子以〔醃料〕醃約 15 分鐘。

3. 均勻裹上太白粉，並抖落多餘的粉。

4. 起油鍋，油溫約 170℃ 放入蝦子，炸熟後先起鍋。

5. 待油溫更高時，再放入炸第二次，可以讓外皮更加酥脆。

6. 炸好的蝦球墊廚房紙巾瀝去多餘的油。

7. 美奶醬調勻後，放入切好的鳳梨塊和蝦球，拌勻即完成。

孩子一起動手做

鳳梨的部分可由大人切大塊之後，再請孩子幫忙切成小塊。如果還在兒童階段，可以用兒童專用刀或較不利的水果刀，爸爸媽媽在旁邊看著。不放心讓孩子切東西，可以幫忙調製美乃醬就好。

麻婆豆腐

這道兼具麻、香、辣的中式餐廳必點料理，自己在家做最大的好處，就是孩子不吃辣、不喜花椒的麻，都可以調整成自己家庭的版本！非常下飯的一道料理，而且食材柔軟，也很適合幼兒吃。

▍材 料

豬絞肉……200 公克
板豆腐……400 公克
蒜頭……2 瓣
蔥……適量

▍調味料

米酒……2 大匙
醬油……1 大匙
辣豆瓣醬……2 大匙
糖……1 大匙
花椒粉……1 小匙
水……90cc

▍勾芡

太白粉……1 小匙
水……1 大匙

製作小提醒

選用質地較紮實的板豆腐，將豆腐用輕推的方式推進醬汁中，是這道菜漂亮成型的祕訣。另外，傳統做法必須費工先煉花椒油，可用花椒粉取代繁瑣流程。若孩子不吃辣，豆瓣醬可選擇不辣的。

1. 蒜頭洗淨後去皮切末；蔥洗淨後切末；板豆腐切正方形小塊。

2. 絞肉以一大匙米酒醃約 10 分鐘。

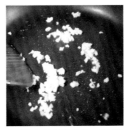

3. 鍋中放適量油，油熱後先下蒜末爆香。

4. 再放入絞肉及一大匙米酒拌炒，炒至絞肉全部散開。

5. 加入花椒粉拌炒。

6. 加入辣豆瓣醬、醬油、糖及水，翻拌均勻。

7. 再加入豆腐，輕輕推開，讓豆腐均勻沾到醬汁。

8. 加入蔥末，煮片刻讓豆腐入味，最後以太白粉兌一大匙水調開，勾薄芡即完成。

孩子一起動手做

初期訓練孩子切東西，這一道的豆腐是很好操作的食材。勾芡用的太白粉水也可交由孩子調製，入鍋之前需再拌勻，也可以讓孩子知道太白粉易沉澱的特性。

滑蛋牛肉

在外面餐廳吃到的滑蛋牛肉，雖然好吃，但很常吃到勾茨過多的厚重感，蛋的香味盡失！在家做的版本，不需要勾茨，蛋量用足了，滿口都是柔軟的牛肉與滑蛋！

▌材 料

牛肉片……200 公克　　鹽……1/2 小匙
青蔥……1/2 支　　　　太白粉……1 小匙
蛋……3 個　　　　　　水……2 小匙

▌醃 料

米酒……1 大匙　　　　糖……1/4 小匙
醬油……2 小匙　　　　太白粉……1 小匙
白胡椒粉……少許　　　油……1 小匙

製作小提醒

要增加蛋液的柔軟度，可加一點太白粉水一起打勻，而蛋下鍋後不會再另外勾芡，要注意煮至八分熟才能保持滑嫩口感，煮太老就不會有滑蛋效果。

1. 青蔥洗淨後切成蔥花，牛肉片加入除了太白粉與油的〔醃料〕其他所有材料，拌至水分吸收進去，醃約 15 分鐘。

2. 醃牛肉的同時，將 1 小匙太白粉加 2 小匙水調成太白粉水，與鹽一起加入蛋中，打成均勻的蛋液。

3. 牛肉加入太白粉拌勻，再加入油拌勻。

4. 鍋中加 2 大匙油，油熱後先放入牛肉拌炒。

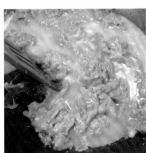

5. 牛肉炒至 9 分熟後，加入蛋液，待底層的蛋液略微凝結之後，開始輕推、輕翻蛋液。

6. 蛋液 8 分熟的時候熄火，加入蔥花拌勻即完成。

孩子一起動手做

牛肉的醃製、調太白粉水，都可以交由孩子來做。打蛋對大人來說很簡單，但對小小孩來說，反而需要練習才能打出蛋殼不會過碎的程度，不妨讓孩子多試試！

三杯雞

熱炒店最受歡迎的料理，一定會有三杯雞！在家要做出好吃的三杯雞，不需要像外面餐廳先將雞肉過油，免得吃起來太油膩，利用燜煮的方式讓醬汁慢慢進入雞肉，就會非常入味！

材 料

去骨雞腿……500 公克　　辣椒……1/2 支
薑……1 小塊　　　　　　九層塔……一大把
蒜頭……約 6 瓣

調味料

麻油……2 大匙　　　　　醬油……2 大匙
米酒……2 大匙　　　　　糖……1 大匙

製作小提醒

這道三杯雞用去骨雞腿、帶骨雞腿都可以。另外，用鑄鐵鍋燜煮時有蒸氣效果，所以不容易燒乾，如果是一般鍋子，下米酒之後讓雞肉燜熟的時間可以減少 1 分鐘。

1. 雞腿切小塊；薑洗淨後切薄片；蒜頭洗淨後去皮拍一下；辣椒洗淨後切丁或切段（不敢吃辣可不放）；九層塔洗淨取葉子部分，梗不要。

2. 鍋中放入麻油，油熱後放入薑片煸過。

3. 再放入蒜瓣和辣椒爆香。

4. 雞肉放入，稍微翻炒一下，再下米酒，轉小火，蓋上鍋蓋，讓雞肉燜煮個 3 分鐘。

5. 接著加醬油及糖，翻炒一下，開始慢慢收汁。收汁過程可不時翻炒一下，讓每塊雞肉均勻的裹上醬汁。

6. 快收汁完成時，醬汁會變得濃稠，再翻炒一下。

7. 最後放入九層塔，攪拌一下即可熄火。

孩子一起動手做

三杯雞會使用到九層塔，九層塔需洗淨之後，取葉子部分即可，梗不要，可以讓孩子來操作。

京醬肉絲

這道京醬肉絲是小時候爸媽帶我們上館子時令我難忘的一道菜,它吃起來鹹鹹甜甜的,非常下飯!有些館子盤底下沒鋪上蔬菜,大部分會鋪蔥白,但我更喜歡我媽媽做的版本,會在底下鋪上小黃瓜絲,夏天吃超美味!

▌材 料

豬肉絲……200 公克
小黃瓜……1 根
蔥白……適量

▌醃 料

醬油……1 小匙
米酒……1 大匙
太白粉……1 大匙

▌調味料

甜麵醬……3 大匙
醬油……1 大匙
糖……1 大匙
水……1 大匙

製作小提醒

每一種品牌的甜麵醬味道不一，如果太鹹或太甜可自行增減醬油和糖的使用。另外，如果買整塊肉回來切絲，可冷凍一下讓肉變硬一些，較易切出整齊的肉絲。

1. 小黃瓜切粗絲後鋪於盤底。

2. 蔥白的部分從中間橫切一半，再切成細絲，泡在冰開水中片刻，就能形成捲曲狀。

3. 豬肉絲以〔醃料〕醃約 15 分鐘。

4. 鍋中加 2 大匙油，油熱後放入肉絲，以筷子拌炒，較容易將肉絲分開來。炒熟後取出。

5. 同一鍋放入甜麵醬炒香。

6. 接著加入其餘所有的調味料。

7. 將肉絲放入拌炒，炒至肉絲均勻沾裹調味料，收汁即可起鍋。盛盤時肉絲放在小黃瓜絲上面，頂飾蔥白絲。

孩子一起動手做

這道必須將小黃瓜切粗絲，剛學會切東西的孩子也可以試試，先切成斜片，再切成粗絲。另外蔥白處理成細絲，也可以將蔥白切長段後，用叉子劃切幾刀，就會變成蔥絲。

客家小炒

我自己在外面餐廳吃到的客家小炒，有美味無比，也有驚嚇度指數很高的，後者通常裡面的食材炸到還帶著油，吃起來油膩，或者醬油多到整道菜死鹹。在家可以利用更簡單的方式，做出清爽不膩的客家小炒！

▌材 料

豬五花肉……150 公克
白豆干……6 片
乾魷魚……1/2 隻
芹菜……3 株
青蔥……1 支

蒜頭……2 瓣
辣椒……1/2 根
鹽……1/2 小匙
太白粉……1 小匙
水 2……小匙

▌調味料

醬油……1&1/2 大匙
米酒……1 大匙
糖……1 大匙
白胡椒粉……1/4 小匙

製作小提醒

乾魷魚喜歡帶有嚼勁的口感，可以泡個2小時；要到容易咬斷的口感，可以泡一整個晚上或一整天，
但記得放在冰箱泡著，尤其是夏天，如果在室溫泡水太久容易腐壞。

1. 蒜頭切末，辣椒切斜片。

2. 豆干切片，芹菜和青蔥切段。

3. 五花肉切絲，乾魷魚泡軟後切粗絲。

4. 鍋中放 2 大匙油，油熱後將豆干放入，兩面焦至焦香。。

5. 將豆干盛起備用，同一鍋下五花肉絲炒至表面微焦。

6. 再放入魷魚炒至香味出現。

7. 接著下蒜末及辣椒炒香，再放入所有的調味料，拌炒均勻。

8. 最後放入芹菜及青蔥段，翻炒兩下即可起鍋。

孩子一起動手做

這道客家小炒有很多需要切的食材，像是白豆干、芹菜、青蔥，需要
簡單切片或切段，已經學會切東西的孩子，就可以幫忙切配。

紅糟肉

便當店賣的紅糟肉,是許多孩子喜歡的菜色,但不少店家為了增加色澤,多少加入紅色色素,
自己在家做只要利用成分單純的紅麴醬,用烤箱一樣可以做出好吃入味的紅糟肉!

▌材 料

整條五花肉或梅花肉厚片⋯⋯400 公克

▌醃 醬

紅麴醬⋯⋯100 公克　　醬油⋯⋯1 大匙
蒜頭⋯⋯3 瓣　　　　　米酒⋯⋯1 小匙

製作小提醒

每一款紅麴醬鹹度及甜度皆不同，可先試過味道，再以醬油和糖調鹹及甜度。如果家裡有氣炸鍋或氣炸烤箱，也可以用氣炸的方式，溫度和時間必須自己抓，重點就是翻面讓它烤均勻，最後做熟度測試。

1. 蒜頭洗淨去皮後切或壓成蒜末。

2. 如果使用梅花肉，可切成一般紅糟肉長條狀，並用肉搥稍微拍鬆。

3. 將醃醬所有的材料調和拌勻。

4. 將醃醬均勻地抹在肉的兩面，冷藏至少 2 天，風味最佳是 3 天。冷藏每半天可以將肉翻動一下，使其均勻入味。

5. 在烤盤上面墊一張烘焙紙 (如果使用網烤架就不需要)，將醃肉過多的醃醬先刮掉，再放上烤盤以烤箱 200°C烤 20 分鐘，翻面再烤 20 分鐘，用叉子插入試試肉是否有熟透，如果沒有就再延長個 5-10 分鐘，烤熟後切片食用。

孩子一起動手做

除了醃醬可讓孩子調製，醃醬抹在肉上面的時候，必須均勻，可以讓孩子戴著手套試試。如果不想沾手，也可以利用密封袋，把肉和醃醬放入，搓揉均勻即可連同袋子放冰箱冷藏，很方便！

宮保雞丁

在外面的熱炒店或餐廳點這道宮保雞丁，雞丁大部分都會先過油，每次挾到最後一塊，盤底的油量總是驚人！其實只要用比平常炒菜再多一點點的油，以煎的方式去做，並使用最嫩的雞里肌肉部位，不必過油也很好吃！

▌材 料

雞里肌肉……300 公克　　薑末……1 小匙
乾辣椒……15 公克　　　　蒜頭……2 瓣
蔥……2 支　　　　　　　原味花生粒……1 大匙

▌醃 料

醬油……1 大匙
米酒……1 大匙
太白粉……1 大匙

▌調味料

烏醋……1 小匙
醬油……1 大匙
糖……1 大匙
米酒……1 小匙
麻油……1/2 小匙

▌製作小提醒

要吃到軟嫩的雞丁，用雞里肌肉製作是最適合的，在第一階段煎雞丁的時候不要煎到全熟，煎到
八、九分熟即可，接下來與辛香料同炒的時候還會炒熟，才不會過老。

1. 雞里肌肉切小塊之後，用
〔醃料〕醃約 15 分鐘。

2. 薑、蒜頭切末；蔥切段。

3. 調味料全部混合備用。

4. 鍋子倒入適量的油，油熱
後將醃好的雞肉放下去，一
面煎熟再翻面煎熟，不要一
直翻炒，會不熟。煎至八九
分熟後取出。

5. 爆香蒜末、薑末後，炒香
乾辣椒，再放入雞肉、花生
及混合好的調味料拌炒。

6. 起鍋前加蔥段略炒幾下即
完成。

孩子一起動手做

買回來的乾辣椒，常常會有很多辣椒與籽分離，籽都掉到包裝袋最底部。如果不
喜歡太辣，可以晃動一下辣椒，讓籽掉出來更多；如果喜歡辣一點，則要多收集
底部的辣椒籽進去炒，這些動作可交由孩子操作。

鹹水雞

曾經在外面買到一家超好吃的鹹水雞，除了入味之外，最特別的就是放了蘋果片，讓雞肉和蔬菜多了天然的甜味。回家後研究了一下如何複製出來，每到夏天很常做個一大盆，大人和小孩都難以抗拒！

▌材料

去骨雞腿或帶骨雞腿⋯⋯400 公克
玉米筍⋯⋯10 根
秋葵⋯⋯10 根
杏鮑菇⋯⋯2 根

蘋果⋯⋯1/2 個
蔥⋯⋯4 支
薑⋯⋯1 塊
蒜⋯⋯6 瓣

▌調味料

黑胡椒粉或粗粒⋯⋯1 小匙
白胡椒粉⋯⋯1 小匙
鹽⋯⋯2 小匙
香油⋯⋯2 大匙

製作小提醒

雞腿肉可以以雞胸肉取代，蔬菜也可以自由搭配小黃瓜、花椰菜等。浸漬越久越入味，可冰冰的直接吃或退冰一下吃，但不可加熱，以免風味盡失。另外，喜歡辣一點或鹹一點的朋友，都可以自行增加調味料。

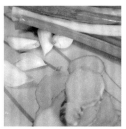

1. 蔥去頭，其中一支切蔥花；薑一半切片、一半切細絲；蒜一半去皮不用切，一半去皮切成細末。去皮的那3瓣蒜頭加入等量的冷開水，用果汁機或攪拌棒打成蒜汁。

2. 玉米筍和秋葵洗淨後不用切，杏鮑菇切適合入口的大小，蘋果切小片泡鹽水延緩氧化。

3. 準備一鍋水，放入蔥、薑片、蒜仁及少許鹽，煮至滾。

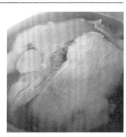

4. 將雞腿用熱水沖過去除血水之後，放入 3 中煮至雞腿熟透，產生的浮泡要撈起。煮熟後撈起泡冰水。

5. 同一鍋水放入玉米筍、秋葵及杏鮑菇，燙熟立刻取出泡冰水。

6. 將冷卻後的雞腿切成喜歡的大小。

7. 準備一個容器，加入剛才煮雞腿的適量雞湯，混合所有調味料及薑絲、蒜末、蒜汁和蔥花，放入切好的雞腿及和玉米筍、秋葵、杏鮑菇及蘋果片，移入冰箱冷藏浸漬至少半天入味。

孩子一起動手做

雞肉要有彈性、蔬菜要爽脆，泡冰水的步驟一定不能馬虎，可交由孩子來做。另外，我自己的入味祕訣「蒜汁」，把蒜頭加水打成汁，也可以讓孩子學習如何用攪拌器製作。

氣炸豆乳雞翅

外面鹹酥雞攤賣的豆乳雞，不同於一般鹹酥雞，豆腐乳多了一種香氣，大人小孩都愛！想要省時料理，又不想讓孩子吃下太多油，我就會做這道方便又快速的氣炸豆乳雞翅，是大人的下酒菜，也是小孩的下飯菜！

▌材 料

雞二節翅……500 公克
蒜頭……2 瓣

▌醃 醬

豆腐乳……3 塊
米酒……1 大匙
醬油……1 小匙
木薯粉……適量

▌製作小提醒

我用的是氣炸烤箱而不是氣炸鍋，大家可以依照自己家裡氣炸烤箱或氣炸鍋的脾性調整溫度與時間。另外，每一款豆腐乳的鹹、甜程度都不同，大家可以依照自己所用的豆腐乳，酌量增減糖及醬油。

1. 先用叉子將豆腐乳壓成泥，蒜頭去皮切末。

2. 再加入蒜末、米酒及醬油拌勻。

3. 準備一個調理盒，將雞翅均勻裹上醃醬，醃至少 4 小時，可以醃一晚更好。

4. 醃好的雞翅沾附木薯粉，再靜置吸收一下，讓它返潮。

5. 在烤盤上面墊一張烘焙紙，先以 180℃ 氣炸 10 分鐘，取出刷上一層油，再氣炸 5-8 分鐘至熟。

孩子一起動手做

除了醃雞翅、裹粉的動作可以讓孩子去操作，大一點可以拿刀的孩子，有些雞翅會有肉特別厚的地方，為了在氣炸的時候更容易熟透，可以讓孩子在肉厚處劃上幾刀。

乾煸四季豆

很多不喜歡四季豆的孩子，在餐廳嚐過乾煸四季豆的味道，口感層次豐富，鹹香軟口又下飯，不愛上也難！我自己的訣竅是加入冬菜，有畫龍點睛的效果，吃起來也更有古早風味！

材 料

四季豆……300 公克	薑末……1 大匙	米酒……1 小匙
絞肉……100 公克	蒜末……1 大匙	醬油……1 大匙
蝦米……20 公克	蔥末……3 大匙	糖……1 小匙
冬菜……20 公克	辣椒……少許	泡蝦米的水……適量

製作小提醒

有些四季豆的細絲較老，建議不必完全去除乾淨，否則在油炸的過程中很容易裂開，豆子會跑出來，影響外觀。如果真的很不喜歡油炸，也可以將四季豆噴油之後以氣炸方式完成。

1. 四季豆洗淨之後，去除細絲，瀝乾備用。

2. 蝦米以適量熱水泡軟，泡軟後取出切碎，泡蝦米的水不要倒掉。

3. 市售冬菜鹹度不一，如果太鹹，用熱水燙一下去除過多的鹽分。

4. 蔥、薑、蒜切細末；辣椒為增色用，可去籽後切細末。

5. 鍋中備適量油，油約至插入筷子冒小泡泡的溫度後，放入四季豆，以半煎半炸的方式至喜歡的軟度，取出備用。

6. 將鍋中多餘的油倒出，放入絞肉、米酒及薑末、蒜末、辣椒末炒香。

7. 加入蝦米、冬菜拌炒，再下煸好的四季豆及醬油、糖調味，翻拌一下。

8. 倒入泡蝦米的水，略微燜熟，起鍋前加蔥花，拌炒均勻即可熄火。

孩子一起動手做

四季豆剝除頭、尾，去除老硬的細絲，可以交給孩子去做。另外，如果選擇氣炸方式處理四季豆，也可以讓孩子動手做喔！

避風塘炒蝦

這道在港式餐廳吃過的蝦料理,吃起來酥酥的,又有滿滿的辛香料,香氣誘人,連不愛剝蝦殼的孩子都可以吃好幾尾!過年的時候也很適合當年菜,擺上桌相當喜氣!

材 料

大隻蝦子……約 10 尾　　蒜酥……1 小匙
辣椒末……1 大匙　　　麵包粉……4 大匙
蒜末……1 大匙　　　　黑胡椒粉……1 小匙
薑末……1 大匙　　　　鹽……1/2 小匙
蔥末……1 大匙

製作小提醒

蒜酥在超市或乾貨店可買到現成的，如果要自己炸也可以，必須注意不能炸焦，以免炒出來的蝦子帶有苦味。

1. 蝦子剪去長鬚，剪開背部後取出腸泥，瀝乾備用。

2. 辛香料全部切末處理好。

3. 鍋中放入剛好蓋滿鍋底整面的油，將蝦子放入兩面煎熟。

4. 剩下的油炒香所有辛香料與蒜酥。

5. 接著放入麵包粉，炒至麵包粉呈褐色。

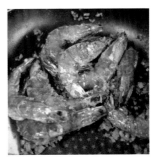

6. 再放入蝦子及黑胡椒粉、鹽翻拌均勻即完成。

孩子一起動手做

大蝦的處理和一般中小型蝦子不同，去腸泥可以用剪刀剪開背部，再用牙籤或筷子取出腸泥，簡單的動作可以讓孩子來進行。

薑絲滷冬瓜

我家女兒很愛冬瓜，我時常做成紅燒，吃膩了之後，開始做這種清爽版本的薑絲滷冬瓜，就是加蔭鳳梨醬一起去滷，沒想到冬瓜味道更加明顯，整鍋冬瓜鹹中帶一點酸甜，小孩覺得吃起來很開胃，之後就很常在家裡跟媽媽點這道菜了！

▌材 料

冬瓜……600 公克
蔭鳳梨醬……50 公克
薑絲……10 公克
醬油……1 大匙
香油……1 大匙

製作小提醒

這是一鍋到底的煮法，做起來真的輕鬆又簡單！記得醬油要到後面才加，才能保留醬油的香氣。
每個品牌的蔭鳳梨醬鹹度都不同，可自行增減醬油的用量。

1. 冬瓜洗淨後，用菜刀切除外皮及籽，再切成滾刀塊。

2. 薑切成絲後，在燉鍋中加1 大匙油，油熱後放入薑絲，炒出香味。

3. 放入冬瓜拌炒一下。

4. 加入食材高度約 8 分滿的水量。

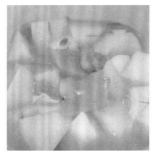

5. 再加入鳳梨醬拌一下，煮滾後轉成小火，蓋上鍋蓋煮約 25-30 分鐘（視自己喜歡的熟軟度）。

6. 最後加入醬油拌勻，起鍋前加香油拌勻，增加香氣。

孩子一起動手做

冬瓜的皮硬，從市場買回來輪切的冬瓜，外皮可以用菜刀慢慢切除。如果
孩子的年紀大到可以使用菜刀，不妨用去冬瓜皮來練習切硬一點的蔬菜。

金瓜炒米粉

這道在台式餐廳很常吃到的金瓜米粉，南瓜的自然甜味附著在米粉上，真的是台灣特有的美味！因為鹹鹹甜甜的，米粉吃起來 QQ 的，完全是孩子會愛上的味道，同時也是很營養的主食喔！

▎材 料

米粉……200 公克
蒜頭……10 公克
乾香菇……10 公克
櫻花蝦……15 公克

南瓜……350 公克
肉絲……150 公克
蔥……10 公克

▎醃 料

米酒……1 小匙
醬油……1 小匙

▎調味料

醬油……1 大匙
糖……1 小匙
白胡椒粉……適量

製作小提醒

不同品牌的米粉吸水力都不一樣，建議總水量不要一次下完，米粉吸飽後試吃看看，如果還是偏硬就再加水煮一下。米粉先蒸過或是用熱水泡過都可以。

1. 米粉按照外包裝的指示時間泡水至軟，剪短後放入電鍋中，外鍋放1 米杯水蒸熟。

2. 南瓜去皮後切小塊（可隨自己喜好切絲或切片）。

3. 青蔥切段，蒜切末，肉絲以〔醃料〕醃至少15 分鐘。

4. 乾香菇泡水半天至軟，切絲，泡香菇的水留著備用。

5. 鍋中放 2 大匙的油，油熱後先炒香蒜末，再放入香菇絲和櫻花蝦炒香。

6. 接著放入肉絲炒至八分熟，再放入南瓜翻拌一下。

7. 加入總水量 500cc 的水，香菇水如果不足，再補一般冷開水，蓋鍋燜至南瓜熟軟。

8. 加入蔥段翻炒一下，再加入蒸好的米粉，以筷子輔助翻拌，讓米粉均勻吸到湯汁。

孩子一起動手做

這道金瓜米粉與其說是「炒」，最後加入米粉其實用筷子翻拌更易掌控。除了米粉泡軟、乾香菇泡水這些簡單的工作可交給孩子，最後米粉與材料混合的時候，也可以讓孩子用筷子來操作。

上海菜飯

江浙餐廳很常吃到的上海菜飯,每次一上桌,我家小孩就會搶著盛!說也奇怪,裡面放了不少他們平常不怎麼愛的青江菜,但換個形式料理一下,混合著火腿的油香,就變得超受歡迎!

材　料

自製雞高湯……1 公升　　　青江菜……2 株
白米……2 米杯　　　　　　上海火腿……30 公克
蒜頭……2 瓣

製作小提醒

傳統的上海菜飯做法，青江菜是和飯一起煮的，但煮出來的口感軟爛，顏色也會變得比較黃，分開處理可以吃到青江菜的脆，宴客時上桌也好看許多！如果買不到上海火腿的話，用臘肉、一般火腿取代也可以。

1. 先製做雞高湯：將雞骨、冰箱剩餘的蔬菜如洋蔥、紅蘿蔔等一起放入滾水中熬煮半小時，邊煮邊撈去浮沫，煮好瀝出即成高湯。

2. 蒜頭去皮切末，青江菜切碎，上海火腿切細丁。

3. 白米洗淨後，以平常煮飯的比例，用放涼的雞高湯取代水分。

4. 鍋中不必放油，將火腿丁放入慢慢煸炒出油及香氣，再放入蒜末炒香。

5. 接著加入青江菜碎拌炒，並加入約 1 大匙雞高湯，將所有的食材炒熟。

6. 白飯煮好之後燜 10 分鐘，先翻拌一下。

7. 加入所有的食材拌勻，如果覺得不夠鹹，可加少許鹽再拌勻，接著蓋上電鍋鍋蓋，以保溫模式燜 5 分鐘讓菜飯融合。

孩子一起動手做

這道上海菜飯最誘人的，莫不過煮好時開蓋的那一刻！因為青菜江分開煮，加入要翻拌的時候不妨讓孩子動手做，也可以拿飯匙學習以切、輕翻的方式處理煮好的飯，而不是重壓讓米飯口感變爛。

手切滷肉飯

北部和南部盛行的滷肉飯不一樣,記憶中最好吃的滷肉飯,就是媽媽做的肉燥,不油膩、不過肥,可以配好幾碗白飯!長大後我開始做這種南部常見的手切滷肉飯,滷得透,入口即化,一淋在飯上,孩子們就像我小時候一樣,吃個兩碗都還嫌不夠!

材 料

五花肉條……350 公克　　　米酒……1 小匙　　　　白胡椒粉……1 大匙
紅蔥頭……5 瓣　　　　　　醬油……50cc　　　　　水……800cc
蒜頭……3 瓣　　　　　　　冰糖……30 公克

製作小提醒

五花肉要切細條、切丁都可以，如果肉太軟難切，可以冷凍一陣子將它凍硬一點，凍到好切的程度就好，不必整塊結成凍。滷好的肉放個半天讓它徹底入味，會比立刻吃來得美味！

1. 五花肉按自己喜好切成細條或粗丁，用米酒醃一下去腥。

2. 紅蔥頭去皮後切片；蒜頭去皮後切末。

3. 使用不沾鍋的話不必下油，熱鍋後放入五花肉以先煎再炒的方式到肉變白的程度，先起鍋備用，鍋中的油不必倒掉。

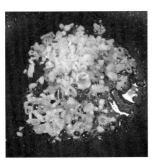

4. 利用鍋中剩下的油，油熱後先炒香紅蔥頭，再下蒜末炒香，接著放入五花肉拌炒。

5. 加入醬油和白胡椒粉炒勻，接著再下冰糖和 1/3 水量。

6. 整個燉煮時間約 40 分鐘，中間每一次滷到收汁至水分低於五花肉，就再加水下去慢慢燉煮，水總共分三次下。最後一次則收汁到自己喜歡的程度即可。

孩子一起動手做

這道滷肉飯的材料很簡單，滷肉用的辛香料可以交給孩子切碎（太小的孩子可以用小型的切碎器）。滷好的肉一定要配煮得好吃的飯，不妨讓孩子從頭到尾學習量米、洗米、煮飯。

木須炒麵

每次去賣麵食的餐廳，我們家的孩子都很喜歡點木須炒麵！裡面有小孩最喜歡的嫩蛋，對掌廚的人來說，它同時是營養滿分，又省時輕鬆的炒麵，忙碌的時候真的很好拿來打發全家人！

▌材　料

寬麵條……300 公克
小白菜……200 公克
黑木耳……80 公克
紅蘿蔔……50 公克

蒜頭……2 瓣
蛋……3 個
香油……1 大匙
豬肉絲……150 公克

▌醃　料

米酒……1 小匙
醬油……1 小匙
太白粉……1 小匙

▌調味料

醬油……2 大匙
醬油膏……2 大匙
細砂糖……1 大匙
白胡椒粉……1/4 大匙

▌製作小提醒

木須炒麵的「木須」指的就是蛋，9 分熟就先盛起來，這樣才不會後面與麵結合的時候，需要第二次下鍋，會煮到過老不好吃。

1. 豬肉絲以〔醃料〕醃至少 15 分鐘。

2. 小白菜洗淨後切小段，蒜切成蒜末；紅蘿蔔去皮，與黑木耳皆切絲。

3. 蛋打散之後要打到略微起泡。

4. 鍋中加 1 大匙的油，油熱後放入蛋液，待略微凝結後拌炒成鬆軟的炒蛋，9 分熟即盛起備用。

5. 麵條依照包裝指示時間煮熟，煮的過程在滾了之後倒入約 150cc 的水，讓麵條更 Q，煮好瀝乾備用，煮麵水不要倒掉。

6. 炒鍋中放入 1 大匙油，油熱後先炒肉絲，再下蒜末炒香，接著先放紅蘿蔔炒至半熟，再下黑木耳絲拌炒。

7. 麵和小白菜依序下鍋，倒入約 200cc 的煮麵水，蓋鍋直到小白菜煮熟。

8. 開蓋後翻拌一下，再加入所有的調味料拌勻，最後加入炒蛋及香油，拌炒一下即完成。

孩子一起動手做

這道炒麵用到大量的蛋，打到略微起泡，下鍋的時候可增加一點蓬鬆度，不妨讓孩子來操作。喜歡實驗的孩子，也可以利用筷子、叉子、小型的手動打蛋器等不同工具，試試哪一種最好打！

雞肉炒公仔麵

問過我眾多的青少年學生，喜愛的食物中很常出現「泡麵」。泡麵如果單純泡開，又加了添加物過多的調味包，自然不健康，所以我很愛教他們做這道在茶餐廳一定會出現的炒公仔麵，只使用泡麵的麵條，好吃，而且至少健康一點！

▌材 料

雞胸肉……250 公克
洋蔥……1/4 個
甜椒或青椒……1/4 個
綠豆芽……60 公克

泡麵……2 包
醬油……1 大匙
蠔油……1 大匙
沙茶醬……1 大匙

▌醃 料

醬油……1 大匙
米酒……1 大匙
太白粉……1 大匙

▌製作小提醒

這道炒公仔麵中的蔬菜，吃的是清脆而非熟軟的口感，所以用中火快速爆炒的方式，會更接近港式炒公仔麵的口感。另外，泡麵只要選擇耐煮不易爛的即可，一般港式炒公仔麵多用「出前一丁」泡麵。

1. 雞肉切片後，加入〔醃料〕的材料，醃約15 分鐘。

2. 綠豆芽去除頭尾，即成銀芽；洋蔥與甜椒皆切絲。

3. 拌合醬油、蠔油及沙茶醬。

4. 準備一鍋滾水，依照泡麵包裝上的烹煮時間指示，再減一分鐘，即撈起備用。

5. 鍋中加 2 大匙油，油熱後下雞肉片炒熟，取出備用。

6. 同一鍋再加 1 大匙油，爆炒洋蔥及甜椒絲，再加入銀芽翻炒一下。

7. 將麵條放入，換成筷子，先將麵條撥鬆，再淋上炒麵拌合的醬汁，用筷子翻炒均勻。

8. 最後加入雞肉片，翻炒均勻即完成。

孩子一起動手做

綠豆芽掐頭去尾就成了「銀芽」，雖然動作簡單，但一根、一根處理很考驗耐性，可以交給孩子做。泡麵煮的時間要少於包裝指示上的時間，也可以請孩子幫忙計時。

日式料理篇

日式炸雞

在日本料理店很常吃到的日式炸雞，每次上課教學生，大家都會很驚訝，原來這道炸雞這麼簡單！不管是晚餐的家常菜，還是為孩子準備便當，只要有這道日式炸雞，小孩一定會很滿足的吃光光！

▋材 料

去骨雞腿……400 公克
薑泥……1 大匙
太白粉……80 公克

▋調味調

醬油……1 大匙
米酒……1 小匙
鹽……1/4 小匙

製作小提醒

時間允許的話，我通常會醃一個晚上，如果來不及，也至少醃 20 分鐘，醃越久會越入味。另外，不常油炸的朋友，如果不確定是否熟透，可先取出最大塊的雞肉，剪開或切開看，沒有粉紅色的生肉感，呈現熟透的白色即可。

1. 雞肉切小塊，但不要太小塊，炸過會縮。

2. 薑磨成泥。

3. 加入所有的調味料和薑泥。

4. 抓拌均勻，能醃至少4 小時最好。

5. 醃好的雞肉均勻沾裹太白粉，等到返潮（粉吸收進去，炸的時候才不會皮肉分離，通常約幾分鐘即可返潮）再進行下一步。

6. 油鍋加熱至 160℃左右，放入雞肉，炸至金黃色。

7. 炸好的雞肉可用廚房紙巾吸附多餘油脂。

孩子一起動手做

這道炸雞如果想要醃肉不沾手，可以把雞肉放入密封袋，讓孩子隔著袋子搓揉，使調味料分布均勻。沾裹太白粉的時候，記得薄薄一層即可，多餘的粉需要抖落一下，這些都可以交由孩子來做。

馬鈴薯燉肉

我不是日本人,卻因為媽媽有著各國料理的好手藝,從小在家就常吃到這道日式馬鈴薯燉肉。跟好友去餐廳點不同的套餐,好友也因為吃到了美味的馬鈴薯燉肉,跟我要了這個食譜!這道在日本非常家常的一道菜,很奇妙的有一種溫暖的療癒力量,特別適合疲累的放學或下班後晚餐喔!

▌材 料

豬梅花肉……600 公克
洋蔥……1/2 個
紅蘿蔔……1 根

馬鈴薯……2 個
冷凍毛豆仁……50 公克

▌醬 汁

醬油……50 公克
味醂……30 公克
米酒……1 小匙
水……150 公克

製作小提醒

除了洋蔥、馬鈴薯和豬肉，其他食材並不拘，耐煮的即可；不耐煮卻可以增加色彩的綠色蔬菜比方豌豆夾，煮到最後再加入就好。我的習慣是依照易熟度分批加入，像紅蘿蔔先放，煮到五分軟再放入馬鈴薯，不然馬鈴薯一起放入會煮得過爛，最後散開。

1. 洋蔥洗淨後去皮，切成半月形片狀；紅蘿蔔去皮後切滾刀塊；梅花肉切塊後用少許米酒略微去腥一下。

2. 馬鈴薯去皮切滾刀塊之後泡在水中防止氧化變色。

3. 鑄鐵鍋中放少許油，油微熱後放入洋蔥炒過。

4. 將洋蔥撥到一邊，空出來的地方放入肉塊，兩面煎熟。

5. 放入紅蘿蔔翻炒一下，再加入醬汁中所有的材料，翻動一下讓醬汁均勻，蓋上鍋蓋煮約 10 分鐘。

6. 接著打開鍋蓋放入馬鈴薯和毛豆仁，略微攪拌一下，再繼續煮約 15 分鐘即完成。

孩子一起動手做

這道料理的紅蘿蔔、馬鈴薯，都很適合讓孩子練習削皮，以及切大塊；另外像是洋蔥切成半月形，也可以趁此教孩子認識洋蔥一層一層的結構，學會如何下刀，才能切出好看的形狀。

日式馬鈴薯沙拉

這道馬鈴薯沙拉是我媽媽很喜歡做的一道菜，在夏天尤其受歡迎，不管是單獨吃還是挾在吐司裡面吃都非常美味！有了自己的家庭之後，夏天為孩子帶的便當或是早餐，時常出現這道馬鈴薯沙拉，偶爾加入新鮮蘋果丁或葡萄乾等等，小孩愛極了！

▌材 料

中型馬鈴薯……2 個　　　　黑胡椒粗粒……1/4 小匙
紅蘿蔔……1/3 根　　　　　鹽……1/2 小匙
小黃瓜……1/2 條　　　　　美乃滋……60 公克
蛋……2 個

▌製作小提醒

這道馬鈴薯沙拉我用的是懶人省時做法，如果有時間的話，雞蛋和其他食材分開煮也可以。另外，夏天太熱不想開鍋，還可以用電鍋把食材蒸熟。

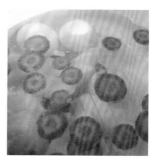

1. 小黃瓜切薄片後以少許鹽抓醃放置 30 分鐘，再沖冷開水並擠乾備用。

2. 馬鈴薯與紅蘿蔔削皮後切厚片，水煮時較易熟軟。

3. 鍋中備蓋過食材的水量，放入洗淨的雞蛋及馬鈴薯、紅蘿蔔，從冷水開始煮 20 分鐘後撈起，雞蛋去殼。

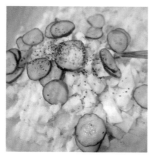

4. 用搗泥器或叉子背面趁熱將馬鈴薯及紅蘿蔔壓成泥，可保留一些顆粒增加口感。

5. 加放入切碎的蛋、小黃瓜及鹽、黑胡椒、美乃滋，拌勻即完成。

孩子一起動手做

做馬鈴薯沙拉的時候，我的孩子最喜歡雞蛋煮好後幫忙剝殼，要讓蛋迅速降溫，可以泡冰塊水，外殼敲裂之後，水滲入蛋殼與蛋之間，同時更好剝了！馬鈴薯搗成泥也可以讓孩子動手做。

日式漢堡排

日式漢堡排在我家不管是平常的家庭餐桌時光，還是帶便當，都是老公和小孩很喜歡的一道！它的做法一點都不難，通常我都會一次做多一點，包裝好冷凍起來，解凍後再煎過或是微波加熱就可以吃，也是相當方便的常備菜！

▌材 料

猪絞肉或牛豬混合絞肉⋯⋯400 公克
洋蔥⋯⋯1/2 個
麵包粉⋯⋯30 公克

牛奶⋯⋯70cc
蛋⋯⋯1 個
鹽⋯⋯1 小匙
黑胡椒粗粒⋯⋯1 小匙

▌製作小提醒

一般這樣的漢堡排會用牛豬混絞肉，我自己喜歡的比例是牛：豬為 3：7，單純使用豬絞肉也可以。
煎漢堡排全程務必小火，以免表面煎焦。如果家裡的爐火太強，也可以在翻面後加入 1-2 湯匙的水，
然後再蓋上鍋蓋，利用煎蒸的方式讓漢堡排更快熟透，表面也不會因為煎太久而焦掉。

1. 洋蔥全部切丁，蘑菇切片，麵包粉加入牛奶，讓所有的麵包粉都沾覆牛奶直到軟化。

2. 炒鍋放適量油，油熱後下全部洋蔥小火炒至透明，2/3 盛出放涼。

3. 準備一個調理盆，放入絞肉、放涼的洋蔥丁、軟化的麵包粉、蛋、鹽及黑胡椒粉。

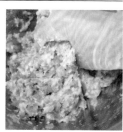

4. 接著以同一方向攪拌至肉產生彈性。

5. 攪打完成的程度為拿一坨起來不會立刻掉下來 (如果會掉下來表示水分太多，需要再攪打一下讓水分吸收進去)。

6. 平底鍋放入 2 大匙油，全程用最小的火，一邊將肉團整成橢圓形，用兩手像投球的姿勢把肉團的空氣拍出，放進鍋中，再於肉團中央用手指壓出凹陷，讓中間薄一點，防止等下煎好中間隆起過高。

7. 炸一面煎熟上色後再翻面，蓋鍋煎約 5-6 分鐘，用筷子插入肉排中央，流出的肉汁呈透明色，非粉紅色，即熟透。如果流出來的肉汁還帶有粉紅色，表示未熟透，就需再繼續煎。

孩子一起動手做

日式漢堡排的肉餡不像水餃肉餡，要一點、一點加水分打到有黏性，相對於中式肉餡更加簡單，有幾個步驟像是麵包粉浸泡牛奶、打蛋進去、放調味料、攪拌，都可以交給孩子做。

五平餅

五平餅是日本中部地區流傳的鄉土料理，又有「御幣餅」的名稱，它的特色是要把米飯搗出黏性，然後塗上醬汁去烤，味道鹹鹹甜甜的非常美味！這道非常能擄獲孩子胃的米飯料理，很好製作，家裡如果有剩飯，也是很棒的剩食利用！

▍材 料

白飯……2 碗　　　　　醬油……1 大匙　　　　　熟白芝麻……1 大匙
熟核桃……20 公克　　　味醂……1 大匙
味噌……1 大匙　　　　　糖……2 大匙

製作小提醒

傳統的五平餅會放入一根冰棒棍，如果不想麻煩，直接將米糰放入鍋中煎製也可以。記得以不沾鍋來做雖然簡單，但醬料極易煎焦，所以煎的時間千萬不能過久，只要出現微焦感，就要翻面了。

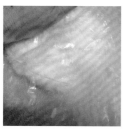

1. 白飯需要搗至軟黏，最簡單的方式就是準備一個乾淨的透明塑膠袋，倒入一點點的油，用袋子搓散防沾，再放入溫溫的米飯，用洗衣服的方式來回搓揉，米飯會慢慢產生黏性。

2. 大約搓到看不見米粒的程度就可以。

3. 核桃碾碎。

4. 與其他所有調味料混合。

5. 手沾一點點冷開水防沾，將米糰塑成橢圓形，插入一根冰棒棍。（如果不照傳統的話，也可以塑成自己喜歡的形狀，不一定要插冰棒棍。）

6. 平底鍋放入 2 大匙的油，全程中小火，先將兩面煎至微微焦脆。

7. 抬起來將兩面刷上醬料，快速將兩面微煎過，再抬起刷上一層醬料，快速兩面煎過即完成。上了醬料的米糰在煎的時候容易焦掉，記得煎的時間不要太久。

孩子一起動手做

五平餅的米糰，在搓揉的時候可以利用乾淨耐熱的塑膠袋，讓孩子來做。另外，也不一定要照傳統的形狀做成橢圓形，讓孩子按照自己的想法，我的小學和青少年學生最喜歡這個步驟，星星、愛心、正方形都有，很有創意！

茶碗蒸

去日式餐廳吃到吹彈可破的零毛孔茶碗蒸，曾經是我遙不可及的追求，後來實驗了幾次，終於做出非常接近的版本！只要分兩階段蒸蛋，讓配料不沉於底，茶碗蒸的外觀會更美！

▌材 料

蛋……160 公克　　　　　醬油……少許　　　　　乾香菇……4 朵
鹽……1/2 小匙　　　　　紅蘿蔔……適量　　　　青豆仁……適量
昆布柴魚高湯……400 公克　魚板……適量
去骨雞腿……適量　　　　蝦……4 尾

製作小提醒

要做出柔嫩的茶碗蒸，我用的蛋水比例大約是 1：2.5，但必須看使用什麼樣的食材，有些食材很容易出水，水的比例可以抓低一點。此分量約可做 4 杯一般日式茶杯大小的茶碗蒸。

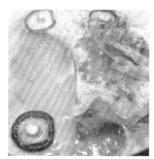

1. 先製作昆布柴魚高湯：昆布及乾香菇泡水 2 小時至半天，煮滾後放入一把柴魚片，煮約 30 秒後熄火，燜約 2 分鐘後將湯汁濾出即完成。

2. 雞腿切小塊，以少許醬油醃一下；香菇從煮好的高湯取出，把水分略微擠乾；紅蘿蔔刻花、魚板切片。

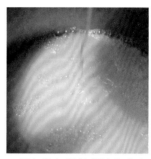

3. 蛋加鹽打散後與冷卻的高湯徹底拌勻，再將蛋汁過濾兩次。

4. 在茶碗蒸的杯底先鋪上雞腿。

5. 倒入蛋液約 7-8 分滿，表面有多餘的泡泡可用湯匙小心撈出，再放入電鍋中，外鍋放 0.7 米杯的水，鍋蓋留一個小縫隙（可插一根筷子輔助），蒸第一次。

6. 第一次蒸完後，蛋液已成型，鋪上香菇、魚板、紅蘿蔔、蝦仁、青豆仁，同樣外鍋放 0.7 米杯的水，鍋蓋留一個小縫隙（可插一根筷子輔助），蒸好即完成。

孩子一起動手做

茶碗蒸的蛋液，在打散的時候盡量不要打入太多空氣，可以交由孩子來做，練習打蛋的力道；過濾的動作也不難，可全程交由孩子來做。

鮭魚西京燒

去日本玩的時候，還有在台灣的日式料理店吃過西京燒料理，真的超好吃！西京燒的味道結合了味噌與其他調味料的鹹、甜、香，非常的下飯！除了常見的雞腿，鮭魚也很好吃，不愛吃魚的孩子也會喜歡上！

▌材　料

鮭魚……400 公克

▌醃　料

味噌……1 大匙
米酒（或清酒）……1 大匙

味醂……1/2 大匙
醬油……1 小匙

製作小提醒

西京燒可以醃漬的食材很多，不只魚、肉，杏鮑菇和茭白筍這樣的蔬菜也很適合。另外，因為每種味噌的鹹度都不同，「想要甜一點」、「不想要太鹹」這樣的個人喜好，就可以增加味醂用量、減少醬油用量去調整。

1. 買回來的輪切鮭魚先從中間切開，魚骨的部分切除。

2. 將〔醃料〕中所有的材料混勻，味噌如果不好調開，可用湯匙背面壓一下。

3. 將食材和醃料放入密封袋，搓揉袋子將醃料抹勻於食材上。

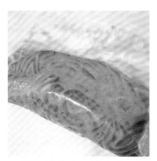

4. 把多餘的空氣排出後，開口密封好，讓醃料可以緊密的裹覆在食材上。醃至少1天，不要超過2天。

5. 烤之前將食材表面的醃料用廚房紙巾拭去（醬附著會烤到焦黑），以 190℃ 烤20-25 分鐘。

孩子一起動手做

做西京燒料理，醃夠時間很重要。醃的步驟可以交由孩子來做，味噌軟黏不好操作，利用做法中的密封袋方式，孩子也能輕鬆進行！

薑汁燒肉

這道非常下飯的薑汁燒肉，放了薑泥的醬汁，吃起來更加有層次！不管是做成燒肉丼飯還是帶便當，都是會讓小孩秒殺的菜色！中秋節的烤肉，用這樣的煎燒方法，既快速又省力，可以一次烤更多肉喔！

▌材 料

豬梅花肉片……400 公克
薑……一小段

▌調味料

醬油……1 大匙
米酒……1 大匙
味醂……1 大匙

製作小提醒

買回來的梅花肉片，如果油花多，使用不沾鍋來煎的話，也可以不放油，熱鍋後慢慢逼出肉的油脂。另外，肉片的厚薄會影響煎製的時間，厚一點的肉建議一定要壓過，才不會造成外面已上色，中心沒有熟透的狀況。

1. 薑洗淨後磨成泥。

2. 將薑泥混合〔調味料〕中所有的材料，拌勻備用。

3. 鍋中加一點油，油熱後放入梅花肉片。

4. 一面煎至上色後，再翻面繼續煎，如果用的是厚一點的梅花肉片，可利用鍋鏟壓幾下，幫助受熱更快。

5. 煎至全熟後，倒入 2。

6. 利用鍋鏟讓每一片肉都均勻裹住醬汁，收汁即完成。

孩子一起動手做

薑去不去皮都可以，磨成薑泥和調薑汁的步驟，都可以交由孩子來做。磨泥板可以選擇好使用，同時能盛住薑汁的容器。傳統不鏽鋼的磨泥板，底下還要放一個容器盛住，施力太過的話，磨泥板和容器很容易分離，比較不適合小朋友使用。

日式蛋包飯

這一道是我小時候媽媽很常做給我們吃的，在日本也是很家常的蛋包飯，就是單純的蛋皮裹上番茄醬炒飯，蛋皮上面還可以用番茄醬畫出不同的圖案，每次上桌都會很享受孩子們「哇」一聲的驚呼，然後好吃到最後把番茄醬也舔乾淨的模樣！

▌材 料

雞里肌肉……100 公克
洋蔥……50 公克
白飯……350 公克
黑胡椒……少許

番茄醬……3 大匙
糖……1/2 小匙
鹽……1/4 小匙
表面番茄醬……適量

▌蛋 皮

蛋……2 顆
太白粉……1 小匙
水……2 小匙
鹽……1/8 小匙

製作小提醒

蛋皮如果非常講究顏色均勻，可以先過濾再加太白粉水。塑型的部分可以在鍋中整形後直接盛盤，或是家裡如果有深一點的橢圓型盤子，把蛋皮先鋪上去，加入炒飯後，先把蛋皮摺好，再拿一個圓盤倒扣過去。

1. 洋蔥切碎，雞里肌肉去筋膜後切丁。

2. 鍋中放 2 大匙油，油熱後加入洋蔥末炒軟。接著加入雞肉丁炒熟，並灑上少許黑胡椒炒勻。

3. 加入白飯（降溫的白飯或隔夜飯都可以）後慢慢炒開。

4. 再加入番茄醬、糖及鹽炒勻，起鍋備用。

5. 太白粉加水調和後，加入打散的蛋液中拌勻。

6. 平底鍋中加入 2 大匙的油，用最小的火，油熱後加入蛋液，起泡處可以用筷子輕輕戳破，到表面約 8 分熟（蛋液不再流動）即可熄火。

7. 將適量的炒飯放在蛋皮中央處，鍋鏟從蛋皮底下插入到一半，一邊的蛋皮摺起，慢慢傾斜炒鍋，讓另一邊的蛋皮往下，再小心盛到盤中。

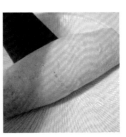

8. 盛盤後還可調整形狀，可用鍋鏟協助，或等降溫一些套上手套直接塑形。

孩子一起動手做

這道蛋包飯會用到不少蛋，讓孩子打蛋之外，這種炒飯不像中式炒飯那樣需要大一點的火力才有鑊氣，我會轉小火讓孩子體驗拿鍋鏟慢慢翻炒的動作，這個學會之後，一般炒飯就不難了！

簡易強棒麵

在網路上看到有人自己在家做出味道很接近的長崎強棒麵，試過之後小孩超愛！其實長崎強棒麵在日本是中華料理，它的特色在於濃郁的豚骨高湯，但在家很難花長時間熬豬骨，簡易做法就是利用雞粉和牛奶去製造出接近的味道。

▌材 料

中式麵條……150 公克
日式芝麻油……1 大匙
綠豆芽……60 公克
高麗菜……60 公克
紅蘿蔔……30 公克

豬五花肉片……50 公克
日式魚板……30 公克
蝦仁……50 公克
文蛤……50 公克
透抽……50 公克

水……400cc
牛奶……80 公克

▌調味料

日式醬油……1 小匙
雞粉……2 小匙
鹽……1 小匙

製作小提醒

湯頭的鹹度大家可以自己調整，這個版本比較不鹹，很適合單純當成湯喝。麵條只要是中式的就可以，不要太粗會更接近日本餐廳賣的版本。

1. 蔬菜洗好後將紅蘿蔔切成絲；高麗菜切小片。

2. 五花肉片切小片，魚板切片；海鮮的部分可使用超市處理好的，較為省時。

3. 麵條依照包裝指示煮熟，先盛入碗中。

4. 鍋中下 1 大匙的日式芝麻油，油熱後先將肉片炒至 8 分熟，再放入紅蘿蔔絲拌炒一下。

5. 接著加入高麗菜拌炒一下。

6. 加入水及所有的調味料。

7. 煮滾後放入海鮮及魚板，翻拌一下後加入牛奶。

8. 拌勻之後加入豆芽菜，蓋上鍋蓋煮至豆芽菜熟軟即完成，再將料與湯汁倒入麵碗中。。。

孩子一起動手做

剛練習用菜刀的孩子，這一道像是五花肉、魚板，都是好切的食材，可以當做練習。年紀大一點的孩子，這道其實是一鍋到底的做法，非常簡單，也可以從頭到尾自己完成喔！

韓式料理篇

韓式炸雞

很常被韓劇燒到的韓式炸雞,現在外面的專賣店越來越多,價格卻不低。在家自己做韓式炸雞真的很簡單,可以依照個人喜好選擇原味或是辣味的來做,要用雞翅或是去骨的雞肉都可以!

材料

雞二節翅……300 公克
雞翅小腿……300 公克
白芝麻……少許

醃料

蒜末……1 大匙
米酒……1 小匙
醬油……1 大匙

炸粉

木薯粉……200 公克

醬料

韓式辣椒醬……3 大匙　　米酒……1 大匙
番茄醬……3 大匙　　　　蒜末……2 大匙
糖……3 大匙　　　　　　水……2 大匙
醬油……1 小匙
韓式芝麻油……1 小匙

製作小提醒

韓式芝麻油和韓式辣椒醬可以提供料理道地的口味，現在在全聯、超市或是進口食品專賣店都很容易買到。收汁的時候如果收太快，可以再加少許水，直到雞肉均勻裹上醬料為止。

1. 雞肉以〔醃料〕醃約半天，可以醃過夜更好，會更入味。

2. 將　　　中的材料全部混勻。

3. 將每一塊雞肉裹勻木薯粉。

4. 靜置一下等到返潮（粉吸收進去，炸的時候才不會皮肉分離，通常約幾分鐘即可返潮）再進行下一步。

5. 油鍋加熱至 160°C 左右，放入雞肉，炸至金黃色。

6. 撈起後開大火，等油溫更高後再炸約 30 秒，會更加酥脆。

7. 起鍋後瀝完油，即為原味炸雞。

8. 取另一鍋油熱後，燒熱醬汁，再將炸好的雞肉全部放入，拌炒至醬汁裹覆住每一塊雞肉，即可起鍋。食用前可灑一些白芝麻。

孩子一起動手做

醃料和醬料都可以讓孩子動手做，如果不吃辣的話，不需要裹醬料，就是原味的韓式炸雞，醃料中的醬油可以增加，或另外加一點點鹽，味道才不會過淡。

炸雞蘿蔔

韓式炸雞一定要配著吃的醃蘿蔔，每次做好上桌，孩子們蘿蔔吃得比炸雞還多！不只搭配炸雞可以解膩，它也是很美味的開胃菜，尤其用生菜包韓式烤肉的時候，除了泡菜，加一點醃蘿蔔一起吃也很棒！

▋材 料

白蘿蔔……約 400 公克
檸檬皮……1 顆

▋醃 汁

糖……100 公克
雪碧……50 公克
白醋……150 公克

水……150 公克
鹽……1/2 小匙

▌製作小提醒

蘿蔔不要切得大小塊，一口剛好的大小最好，太小塊會不好挾。另外，如果不想用雪碧，可以把糖量增加至 50 公克，就是傳統的醃法。

1. 白蘿蔔削皮後切方塊狀。

2. 將　　　中的材料全部倒入鍋中，邊煮邊攪至微滾。

3. 白蘿蔔塊放進一個玻璃盒，醃汁趁熱倒入 (必須蓋過蘿蔔)，冷卻待涼。

4. 檸檬洗淨後刨絲。

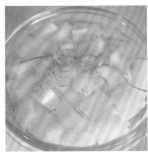

5. 待玻璃盒中的蘿蔔及醃汁全部冷卻後放進檸檬皮，蓋上蓋子，冷藏醃約一天後可食用。

孩子一起動手做

為了增加香氣，我特別加了檸檬皮進去，也可以不用加。檸檬皮如果刨到白色部分，會產生苦味，孩子可以幫忙處理檸檬皮，也可以協助準備醃汁。

韓式辣醃蘿蔔

甜甜辣辣的醃蘿蔔,在韓式餐廳吃到總是好吃到停不下來!在韓國,每個家庭的醃料配方都不同,如果要讓辣味更加有層次,辣中帶甜,加入適合的水果和洋蔥就對了!

▎材 料

白蘿蔔⋯⋯300 公克
蔥段（蔥綠部分）⋯⋯20 公克
鹽⋯⋯1 小匙

▎醃 料

蒜頭⋯⋯10 公克
蘋果⋯⋯25 公克
洋蔥⋯⋯30 公克
韓國魚露⋯⋯1 大匙

韓國辣椒醬⋯⋯1 大匙
韓國辣椒粉（粗）⋯⋯1 大匙
糖⋯⋯2 小匙

▎製作小提醒

醃料中的水果，蘋果、水梨都適合，而韓國人一般會搭配珠蔥下去醃，手邊沒有的話，可以用青蔥的綠色部分取代。醃好的蘿蔔不要馬上吃，三天之後再開吃，蘿蔔澀味去除，也會更加入味喔！

1. 白蘿蔔去皮後，切成易入口的方塊狀。

2. 將蘿蔔加入鹽拌勻，靜置至少 30 分鐘使其出水。

3. 青蔥只取蔥綠部分，切段備用。

4. 將蒜頭、蘋果及洋蔥放入小型攪拌機中打至細碎（如果沒有機器要一個個磨成泥也可以）。

5. 混合 中其他的材料，攪拌均勻。

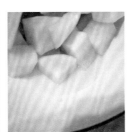

6. 將靜置後的蘿蔔多餘的水分倒出，並以冷開水稍微沖洗過。

7. 拌合醃料、白蘿蔔及蔥段，放入保鮮盒醃至少三天即可食用。

孩子一起動手做

蔬菜加鹽幫助出水，是有次我在醃小黃瓜的時候，孩子們同時學起來的，之後，這個簡單的動作就交給他們來做，讓孩子協助灑鹽，抓拌一下蔬菜，一段時間出水之後再倒掉。

奶蓋咖哩烏龍麵

這道在韓國已經紅一段時間的奶蓋咖哩烏龍麵，成為首爾不少餐廳的招牌料理。喜歡濃郁麵料理的人一定會愛上！咖哩湯烏龍配上打發的鮮奶油，讓麵本身多了豐富的層次感，奶味濃厚，製作上也很簡單，利用市售的咖哩塊就能輕鬆完成！

材料

烏龍麵……230 公克	馬鈴薯……150 公克	咖哩塊……40 公克
洋蔥……50 公克	水……1 公升	鮮奶油……150 公克
紅蘿蔔……100 公克	咖哩粉……1 大匙	帕瑪森起司粉……10 公克

製作小提醒

咖哩塊越大塊，融化的速度就越慢，下鍋之前可以先切小塊。另外，奶蓋的部分不需要打發過度，打太發會油水分離，打到出現紋路即可。

1. 馬鈴薯去皮後切小塊，先泡在水中延緩氧化；洋蔥和紅蘿蔔去皮後，切小塊備用。

2. 鍋中放入約 1 大匙的油，油熱後放入洋蔥炒至透明，再下紅蘿蔔炒過。

3. 先將水加入，馬鈴薯比紅蘿蔔易熟，後面才加。

4. 加入咖哩粉一起煮，讓食材吸收更多咖哩的味道，拌勻後蓋鍋，等煮滾之後再以小火煮約 5 分鐘。

5. 放入馬鈴薯，蓋上鍋蓋繼續煮約 10 分鐘。

6. 等馬鈴薯熟軟之後，放入烏龍麵和咖哩塊，盡量讓烏龍麵都浸入湯汁中，先不攪拌，等到烏龍麵煮熟後再拌開咖哩塊即完成。煮好後先盛入碗備用。

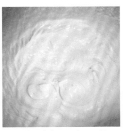
7. 鮮奶油加入起司粉，打至出現紋路。

8. 可直接鋪在麵上，或是放入套了擠花嘴的擠花袋，擠滿表面也可以。

孩子一起動手做

要想省時料理，奶蓋的部分用電動打蛋器更好操作，如果沒有電動打蛋器，用一般手動的打蛋器也可以。不妨讓孩子動手做這個部分，會了之後也可以協助做甜點喔！

泡菜海鮮煎餅

韓式料理中的家常菜泡菜煎餅，鬆軟可口總是讓人忍不住一片接一片！自己在家做最大的好處，就是海鮮可以多放一點，滿滿的海鮮會讓口感更加豐富，加上微辣的泡菜，真的是連小孩都愛的療癒系食物！

材料

韓式泡菜 (帶些許汁) ……120 公克　　蔥……1 支　　　　　　　蛋……1 個
蝦仁……60 公克　　　　　　　　　　低筋或中筋麵粉……150 公克　鹽……1/2 小匙
透抽……60 公克　　　　　　　　　　水……180 公克

製作小提醒

市售韓式泡菜的酸度、鹹度差別很大，可以先試泡菜的味道，在做成煎餅麵糊時再自行增減鹽或
加入糖。另外，煎餅太大時，翻面可能會碎裂，可以一面煎熟時先滑出到盤子中，再倒扣回鍋子。
或者也可以分幾次煎成小片，不一定要煎成一大片。

1. 蔥洗淨後切短段、泡菜切碎。

2. 蝦子去殼後去除腸泥，透抽剝皮清空內臟後切片。

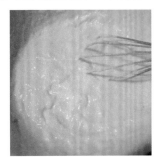

3. 將水倒入麵粉中，攪拌至看不見粉粒的麵糊為止。

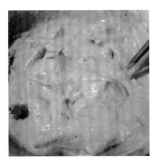

4. 再將蔥段、海鮮和泡菜放入，混合均勻。

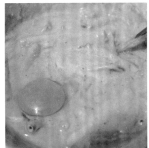

5. 加入蛋，混合均勻。

6. 平底鍋加 2 大匙油，油熱後倒入泡菜麵糊。可用湯匙背面整成圓餅形，待餅緣熟透開始有點硬化，就可翻面，整片煎熟 (筷子插入無沾黏) 即完成。

孩子一起動手做

麵糊的混合可以用筷子、打蛋器或叉子等工具，交給孩子也能輕鬆做喔！如果喜歡將煎餅沾
醬吃的話，也可以讓孩子調個簡單的醬，隨自己的喜好將醬油、韓式芝麻油、辛香料混合在
一起，就是簡易的沾醬了！

韓式雜菜

韓劇裡面的媽媽時常做的小菜,很常看到雜菜的身影。看起來有點費工的一道菜,講究的餐廳會把雜菜中的各種食材一項、一項分開來炒,最後再一起拌炒調味或用涼拌的方式完成。家庭式的做法可以像我這樣把同屬性的食材放在一起炒,更加節省時間,味道也一樣好吃!

材料

韓式冬粉……120 公克
菠菜……50 公克
木耳……30 公克
香菇……3-4 朵
紅蘿蔔……30 公克

黃椒……30 公克
洋蔥……50 公克
蒜末……3 瓣
豬肉絲（或牛肉絲）100 公克
煮冬粉的水……5 大匙

醃料

糖……1 小匙
醬油……1 小匙
米酒……1 小匙
黑胡椒粉……1/2 小匙

煮冬粉調味料

糖……1 小匙
醬油……2 大匙
拌冬粉用韓式芝麻油……1 大匙

調味料

醬油……2 大匙
糖……1 大匙
韓式芝麻油……1 大匙

製作小提醒

韓式冬粉的成分與台灣冬粉不同，目前很多超市都有販售，網路也有。這道雜菜不限於用什麼樣的蔬菜，冰箱有剩的蔬菜都可以拿來運用。在最後將冬粉與雜菜拌炒時，可換成筷子，比較容易拌炒。

1. 冬粉泡水泡軟之後，可剪或切短，再加入加了　　　　　的滾水中，依照冬粉包裝上的標示煮熟撈起（通常 3-6 分鐘），以芝麻油拌勻備用。

2. 蒜切成蒜末，分成 3 份；菠菜切段。

3. 其餘材料切絲；肉絲以　　　　　醃約 15 分鐘入味。

4. 鍋中放 1 大匙油，熱油後將洋蔥炒軟，取出備用。

5. 同一鍋炒香 1 份蒜末，加入紅蘿蔔絲炒軟後再放入菠菜、黃椒絲、木耳絲、香菇絲，加 5 大匙煮冬粉的水燜熟，取出備用。

6. 同一鍋炒香 1 份蒜末，放入醃好的肉絲炒散、炒熟，取出備用。

7. 同一鍋炒香 1 份蒜末，放入煮好的冬粉及其他所有材料，加入調味料拌炒均勻即完成。

孩子一起動手做

冬粉泡水泡到軟之後，可以用剪刀剪短，這個部分可以交由大一點的孩子來做。另外，需要切絲的食材比較多，年紀大到可以拿菜刀的孩子，也可以幫忙切一點。

韓式馬鈴薯煎餅

只用馬鈴薯本身就可以做出外酥內軟的韓式馬鈴薯煎餅,據知名韓國食譜作家說,是韓國北部江原道常吃的一道菜。和一般加了麵粉的韓式煎餅不同,它的口感酥酥軟軟,最神奇的是不用加麵粉也能成型,而且更能夠吃到馬鈴薯本身的甜分!

▌材 料

馬鈴薯 (中型)……2 個　　　　黑胡椒粉……1/8 小匙
鹽……1/4 小匙

製作小提醒

這道馬鈴薯煎餅，馬鈴薯一定要磨成泥才會有後面產生的效果，用果汁機攪碎是不行的。可以使用大一點的磨泥工具，磨起來更容易，在製作上特別要注意的是，越快處理越能夠延緩馬鈴薯氧化變色。

1. 鈴薯削皮後立刻泡在水中延緩氧化，等要使用的時候才取出。

2. 因為要使用磨薑的方式磨出馬鈴薯泥，一整顆不好磨，可以縱切一半讓它有更多稜角，會比較好磨。

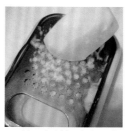

3. 利用磨薑板磨出馬鈴薯泥。

4. 將馬鈴薯泥放在濾網上，用湯匙背面壓出多餘的水分。

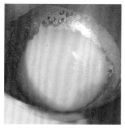

5. 壓出的水分靜置 2、3 分鐘，水分與馬鈴薯澱粉會上下分開，倒出上面的水分。

6. 準備一個調理盆，放入擠乾水分的馬鈴薯泥、留在底下的澱粉以及鹽、黑胡椒拌勻。

7. 平底鍋放入 4 大匙油 (油多一點更能煎出外皮酥脆的口感)，油熱後轉小火，放入用湯匙整成圓形的馬鈴薯泥，再用湯匙背面或鍋鏟整成近 1 公分厚度的圓扁形)。

8. 翻面後煎至兩面呈金黃色即完成。

孩子一起動手做

食材很簡單的一道菜，磨馬鈴薯泥可以和孩子輪流做，然後過濾時需要壓出多餘的水分，也可以讓小朋友用湯匙背面使勁去做，小朋友會覺得很好玩！

韓式拌飯

每次去韓式餐廳，女兒都很愛點石鍋拌飯，後來在家只要冰箱剛好有那些材料，我就會做韓式拌飯。韓式拌飯備料看起來有點費工，通常我會一次多做一點，如果有剩下的材料，就可以變身孩子們的早餐飯糰，非常好用！

▌材 料

黃豆芽……100 公克
紅蘿蔔……100 公克
菠菜……200 公克
鮮香菇……150 公克
木耳……100 公克

蒜頭……6 瓣
蛋……2 個
鹽（總量）……約 1 小匙
韓式芝麻油（總量）……
約 2 大匙

韓式辣椒粉…1/2 小匙
豬肉絲……200 公克
米酒……1 小匙
泡菜……適量
熟飯……4 碗份

▌豬肉調味料

韓式辣醬……1/2 大匙
醬油……1/2 大匙
糖……1 小匙
水……1 小匙

製作小提醒

切蛋絲的時候，煎起來不要立刻切，太熱容易讓蛋皮切的時候破碎，放至微溫後可捲起來再切絲，會比攤平的切整齊。

1. 處理成蒜末；紅蘿蔔削皮之後，和木耳皆切成絲；鮮香菇切片。

2. 黃豆芽洗淨後，放入滾水中煮熟，撈起瀝乾之後加適量鹽、韓式辣椒粉和韓式芝麻油拌勻。

3. 菠菜洗淨後切小段，放入加少許鹽的滾水中燙熟，待涼之後擰乾多餘的水分，再拌入鹽、韓式芝麻油調味，可加少許白芝麻。

4. 炒鍋中加入適量油，油熱後放入蒜末炒香，再炒熟木耳，再加一點鹽和韓式芝麻油調味，盛起備用。

5. 不用洗鍋，接著加入適量油，油熱後放入蒜末炒香，和炒木耳一樣的順序，分別炒熟香菇及紅蘿蔔絲，調味相同，盛起備用。

6. 蛋打散之後，再加入太白粉水（太白粉 1/2 小匙加水 1 大匙調勻）拌勻。平底鍋平均刷上油，鍋熱後倒入蛋液，煎成蛋皮，取出放至微溫，切成絲。

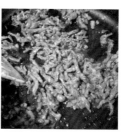

7. 將的材料先混勻，接著炒鍋中加入適量油，油熱後放入蒜末炒香，再放入豬肉絲炒散，並加入 1 小匙米酒去腥。炒熟後加入調味料翻炒至收汁，盛起備用。

8. 將熟飯盛於碗中，鋪上以上所有的食材及泡菜，食用前將飯菜拌在一起吃，非常美味！

孩子一起動手做

這一道需要切的食材比較多，大一點的孩子可以幫忙切和打蛋。我家孩子最喜歡把料鋪在飯上的步驟，不一定要像常見的鋪法，可以讓孩子自由組合，會很好玩！

韓式蛋捲

韓式蛋捲是每個家庭都會做的家常菜,通常看冰箱有什麼材料就會加進蛋液中做成蛋捲,像是紅蘿蔔、小黃瓜、青蔥、洋蔥、火腿等等。因為這些材料不會另外煮熟,所以必須切得細碎,才能在蛋捲完成時同時熟透。

材 料

蛋……5 顆
水……1 大匙

鹽……1/4 小匙
紅蘿蔔……20 公克

小黃瓜……20 公克
火腿……20 公克

製作小提醒

不同於日式玉子燒有專用玉子燒鍋，韓式蛋捲利用一般的平底煎鍋就可輕鬆完成！材料的部分也不需要太拘泥，只要不要過量，影響蛋液凝結即可。蛋捲類第一次做會鬆散是正常的，多練幾次就可以做出緊實、熟度剛好的蛋捲了！

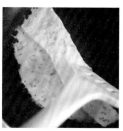

1. 蛋打散後加水、鹽打勻。

2. 紅蘿蔔、小黃瓜及火腿切細丁，加入蛋液中混拌均勻。

3. 平底煎鍋中以廚房紙巾抹上一層油。

4. 全程都開最小火，油開始熱後（切勿過熱以免蛋液一倒入就凹凸變形）倒入第一層蛋液，鋪滿就好，不要太厚。

5. 待表面蛋液凝結後就用鍋鏟捲起到底，每捲一次時用鍋鏟背面輕壓一下，可幫助蛋捲更加密實。

6. 再推到最頂端。

7. 倒入第二層蛋液，記得每次倒入都要再攪拌過蛋液，以免食材沉積太多在蛋液底部。蛋液倒入後以筷子或鍋鏟翻起頂端的蛋捲，讓蛋液流到最頂端，凝結後就可以黏合蛋捲與新蛋液，捲的時候才不會斷裂。

8. 重複以上動作直到蛋液用完，最後用鍋鏟幫助整型，可翻面再煎一下確定蛋捲熟透。起鍋後放涼一下就可用熟食刀切片。

孩子一起動手做

這道蛋捲的材料非常簡單，除了打蛋可以讓孩子協助之外，小黃瓜、火腿都是很好切的食材，剛學會用菜刀的孩子可以協助切配。

韓式紫菜飯捲

韓式紫菜飯捲是韓國的平民家常美食，也是小朋友會喜歡的一道米食。它不同於日式壽司，米飯不需要加醋調味，而且飯捲的食材相當多元，特色在於飯少料豐盛，一口咬下去非常的滿足！

材料

白飯……4 碗
熟白芝麻……1 大匙
韓式芝麻油……1 大匙
鹽……1/4 小匙

壽司海苔……2-3 張
蛋……2 顆
鹽（蛋液部分）…1/8 小匙
水（蛋液部分）…1 大匙

小黃瓜……1/2 條
紅蘿蔔……1/8 條
鹽（紅蘿蔔部分）…1/8 小匙
火腿……適量

醃黃蘿蔔……適量
韓式魚板……1 片
韓式芝麻油（抹飯捲頂部）
……1 小匙

製作小提醒

韓式飯捲的米飯是在溫熱的時候就要做成飯捲，而不是放涼才包。第一次做飯捲會鬆散是正常的，壓實的動作多練習幾次就會好很多。壓好後定型，也可以用橡皮筋捆住壽司捲簾，讓它固定久一點。

1. 蛋打散後加水和鹽混勻，煎成一大張蛋皮，再切成長條。

2. 小黃瓜和醃黃蘿蔔切成長條，火腿和魚板切長條，雖然都是熟的，但略煎炒鍋可以增加香氣。

3. 紅蘿蔔切絲後炒熟，加鹽調味。

4. 白飯煮好後略燜一下，翻鬆後加入芝麻油、白芝麻和鹽拌勻。

5. 壽司捲簾擺上一片海苔（亮面朝下），鋪上拌好的米飯，最前端處不要鋪。鋪的時候可戴手套或手沾一點水防沾黏，切忌壓米飯。

6. 擺上要包的材料後，雙手大拇指與食指挾住捲簾，雙手的其他三根手指壓住食材，然後捲簾向上提起，呈 C 字型先往下壓一半。

7. 接著再提起一次捲簾，壓到底，捲簾往內收，壓實一陣子再放開，即完成飯捲。

8. 頂端抹上一層薄薄的芝麻油，分切後即可食用。

孩子一起動手做

在家做這道飯捲時，我家孩子很喜歡幫忙鋪料的工作。孩子還小可能手還不夠大，比較難捲飯捲，但鋪料一定沒問題！捲好後在頂端抹上一層芝麻油，也可以交由孩子來做！

韓式泡菜炒飯

鋪上一顆半熟蛋的韓式泡菜炒飯，是韓式料理中最讓人垂涎的主食之一！韓式泡菜炒飯的米粒柔軟，不同於中式炒飯粒粒分明，利用溫熱的飯，加上冰箱一定有的泡菜，再搭配培根、餐肉或豬肉片，就可以輕鬆完成香辣入味的泡菜炒飯！

▎材 料

白米……1.5 米杯
洋蔥……1/4 個
蔥……1 支
培根……3 條

泡菜……100 公克
蛋……1 個
海苔絲……少許
鹽……1/4

▎調味料

泡菜汁……10 公克
糖……10 公克
韓式辣醬……1 大匙

製作小提醒

韓式泡菜炒飯不像中式炒飯那樣粒粒分明，反而米粒的口感是柔軟的，如果不用煮好的飯而是冰過的飯，記得要加熱過再炒。飯上鋪的半熟蛋，也可以隨喜好做成全熟的蛋。

1. 白飯煮好至微溫狀態。

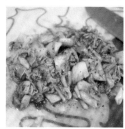

2. 泡菜切碎；洋蔥及培根切碎；蔥切蔥花。

3. 平底鍋加 3 大匙油，先煎好半熟太陽蛋。

4. 同一鍋炒香洋蔥至半透明，再加入培根炒香。

5. 放入泡菜拌炒。

6. 將＿＿＿＿＿＿＿拌勻後，加入炒勻，試味道若不夠鹹再加鹽。

7. 最後加入蔥花拌炒一下即完成。可盛盤後鋪上半熟太陽蛋及灑上海苔絲食用。

孩子一起動手做

韓劇中的泡菜炒飯，最上面放太陽蛋是很家常的味道，孩子如果大一點了，不妨學著煎蛋，掌握火候。煎太陽蛋或荷包蛋的時候，因為蛋有水分，遇熱油有時會小小的油爆一下，大人最好在旁協助。

韓式豆漿冷麵

夏天超熱的時候,我家孩子最喜歡冷麵了!這道韓式豆漿冷麵,湯底的做法非常簡單,天氣太熱不想一直開火煮飯,這道美味又營養的冷麵真的很適合全家大小!

材料

無糖濃豆漿……400 公克	鹽……1 小匙
可生食嫩豆腐……一塊（約300 公克）	熟白芝麻……1 大匙
小黃瓜……40 公克	韓式辣椒粉（視喜好加）……1/2 小匙
牛番茄……40 公克	細麵條……200 公克
雞蛋……1 個	

製作小提醒

冷麵的配料可以自由變化，當成清冰箱料理也沒問題！沒有攪拌棒的話也可以使用果汁機，只是起泡會多一點，但不影響味道。麵煮好後記得要進行「洗麵」的動作，麵條會更好吃！

1. 先做水煮蛋：準備一只小鍋子，雞蛋從冷水開始煮 12 分鐘，煮好泡冷開水。

2. 小黃瓜切成絲，番茄切成半月形。

3. 將豆腐、豆漿、白芝麻及鹽放入調理杯。

4. 用調理棒攪打均勻，即成湯底。

5. 麵條依照包裝指示煮熟。

6. 煮熟後的麵條用冷開水漂洗瀝乾。

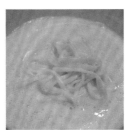

7. 碗中先放入麵條，再依序加入湯底、配菜，最後灑上白芝麻及韓式辣椒粉。喜歡更加冰涼的話，可以放入冰塊。

孩子一起動手做

豆漿湯底的製作非常簡單，小孩也能輕鬆駕馭！我家孩子大一點的時候，喜歡負責煮水煮蛋，因為從冷水煮起，相對安全，煮好後泡冷開水冷卻，剝殼時讓冷開水從蛋殼裂紋中進入，會更好剝除。

西式料理篇

美式炸雞

每到聖誕節或跨年時刻，總會有很多人問我美式炸雞的做法，其實美式炸雞講究起來也是很費工，這個做法相對簡單，口感接近知名速食店薄皮炸雞的口感，小孩愛得不得了！

▌材料

去骨雞腿⋯⋯400 公克
低筋或中筋麵粉⋯⋯150 公克
黑胡椒粉⋯⋯5 公克
匈牙利紅椒粉⋯⋯3 公克

洋蔥粉⋯⋯5 公克
鹽⋯⋯5 公克
蛋⋯⋯2 個

▌醃料

米酒或白酒⋯⋯1 大匙
黑胡椒粗粒或黑胡椒粉⋯1 小匙

製作小提醒

洋蔥粉可依照喜好以乾燥香蒜粒、起司粉這些增香的調味乾粉取代，這些調味乾粉在進口超市或烘焙材料行可找到。裹溼料及乾料的時候切勿太厚，薄薄一層就好，以免麵衣太厚不好吃。

1. 去骨雞腿肉切塊，加入〔醃料〕醃約 15 分鐘。

2. 準備好調理盆，加入所有的粉類拌勻；蛋打散。

3. 雞肉先沾薄薄的一層粉。

4. 再沾裹蛋液。

5. 最後再沾上一層薄薄的粉，讓雞肉靜置返潮約 5 分鐘。

6. 準備油鍋，待油溫到達約 170℃時，下鍋炸熟即完成。

孩子一起動手做

雞肉醃過之後沾裹的乾料，非常好調製，只要全部加在一起混勻即可，小小孩也能輕鬆做到！雞肉沾乾、溼料都不宜過厚，可以讓孩子練習沾上薄薄一層。

菠菜蟹肉燉飯

燉飯在我家是很容易被小孩掃光的一道主食，有空的時候我就用義大利米從生的開始慢慢燉，忙的時候就直接利用冰箱剩下的白飯去煮。燉飯的變化也很多，菇類、肉類、海鮮，都是很適合做成燉飯的食材。

▌材 料

洋蔥……1/4 個
新鮮巴西里……少許
蟹腿肉……250 公克
高麗菜……適量

鴻喜菇……1 包
高湯……約 1000cc
義大利米……2 米杯
市售義麵白醬罐頭……200 公克

菠菜醬……200 公克
鹽……適量

製作小提醒

義大利進口的燉飯專用米也有不同種類，進口超市都不難找到，大家可以依照自己喜好做選購。
如果要用一般白米或隔夜剩飯也可以，烹煮時間需要隨著調整，重點為煮到米心是自己喜歡的軟
硬度。燉飯千萬不要煮得過乾，盛起來之後，米飯會繼續吸水，煮到還帶有水分就起鍋，吃的時
候才不會太乾。

1. 菠菜洗淨後切段，放
入滾水中燙熟後取出，
再加少許高湯打成泥，
煮滾後加少許鹽調味，
即為菠菜醬。

2. 洋蔥洗淨後去皮切
丁；高麗菜洗淨後撕或
切成小片；鴻喜菇洗淨
後剝成一小朵一小朵；
巴西里洗淨後切碎。

3. 鍋中油熱後放入洋蔥
丁炒軟。

4. 接著放入洗淨的義大
利米翻炒一下，再加入
菠菜醬及少許高湯，蓋
過米即可，轉小火蓋鍋
悶煮。

5. 接下來的動作就是當
米吸飽了高湯之後，翻
攪一下，加入適量的高
湯，蓋過米的分量即可，
再蓋上鍋蓋，然後重複
以上動作，直到煮至自
己喜歡的米心硬度（高
湯如果不夠再補水）。

6. 等米心約七分熟的時
候，加入蟹腿肉、高麗
菜、鴻喜菇及巴西里，
煮至食材熟，並加鹽調
味，此時如果覺得米心
不夠軟，可再加一次高
湯。

7. 最後加入白醬，翻攪
均勻即可上桌（上桌冷
卻後醬汁還會再收，所
以熄火前燉飯感覺湯汁
還有一點多是正常的）。

孩子一起動手做

這一道燉飯所用的菠菜醬，做起來很像副食品，打成泥的步驟可以讓大一點的孩子學習使用
機器，沒用完的菠菜醬，可以放在冰塊盒冷凍保存，則可以讓小小孩練習填冰塊盒。

西班牙海鮮飯

在餐廳吃到的西班牙海鮮飯,孩子們超喜歡的!在家做其實並不難,可以像燉飯一樣的做法,如果家裡烤箱不夠大,最後沒辦法再烤乾也沒關係。海鮮等配料也很自由,不需要和食譜完全一樣,容易取得即可。

材料

洋蔥……1/2 個
蒜頭……4 瓣
牛番茄……1 個
青豆……適量

草蝦或白蝦……約 15 尾
扇貝……約 15 個
透抽……1 尾
西班牙辣腸……2 條

義大利米……3 米杯
高湯……1000cc

調味料

西班牙海鮮飯香料……
2 大匙
鹽……2 小匙

製作小提醒

西班牙海鮮飯的特殊顏色，來自香料「番紅花」，在進口超市可以找到乾燥番紅花，也可以直接買「西班牙海鮮飯香料包」，裡面就有番紅花。如果有用到乾燥番紅花的話最好泡一下熱水，讓它的味道和顏色都釋出再去料理，米飯顏色會更好看。

1. 洋蔥洗淨後去皮切丁；蒜頭洗淨後去皮切末；番茄洗淨後切丁。

2. 西班牙辣腸切片後先兩面煎過備用。

3. 處理海鮮：蝦子洗淨後剪去長鬚、抽去腸泥；透抽洗淨後剝皮切小塊；扇貝洗淨，尤其殼如果還留有海草跟髒污要刷乾淨。

4. 鍋中油熱後先放入洋蔥炒軟，再放入蒜頭及番茄炒香，接著放入煎過的西班牙辣腸拌炒。

5. 加入義大利米及西班牙海鮮飯香料拌炒，接著加入蓋過食材量的高湯，開始燜煮。

6. 接下來的動作就是當米吸飽了高湯之後，翻攪一下，加入適量的高湯，蓋過米的分量即可，再蓋上鍋蓋，然後重複以上動作，直到煮至自己喜歡的米心硬度。中途鍋蓋可翻開，隨時檢查米吸收湯汁的狀況，同時可以加鹽調味。

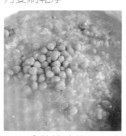

7. 八分熟的時候加入青豆攪拌一下，並加鹽調味。

8. 九分熟的時候將海鮮排列在飯上，再蓋上鍋蓋，燜煮至海鮮熟即可熄火。接著送入烤箱（不要加蓋）以 200℃烤約 15 分鐘。食用前可灑上一些切碎的巴西里，並擠上一點檸檬汁。

孩子一起動手做

這道海鮮飯有不少食材需要切配，孩子大到可以拿菜刀的話，可以練習切辛香料、牛番茄、西班牙臘腸這些食材。蝦子需要剪去長鬚、抽腸泥，會使用剪刀的孩子也能幫忙。

香煎薯條

薯條應該是很少有小孩不愛的食物，但市售薯條用高溫油炸，又放很多鹽，實在不太健康。
想要在家做出口感微脆的薯條，可以利用先煮熟再煎過的方式，使用香料增加風味，只要加
一點鹽就很美味喔！

材 料

馬鈴薯……2 顆

調味料

海鹽……1/2 小匙
黑胡椒粗粒……1/2 小匙
巴西利……1/2 小匙

製作小提醒

馬鈴薯在水煮的時候要掌握好時間，太過軟爛會散掉不好煎。我薯條切的粗細約一顆切成 12 條，煮 8-9 分鐘剛好，可視自己喜歡的粗細度調整水煮時間。

1. 馬鈴薯洗淨後去皮，切成長條狀，泡水去除多餘的澱粉。

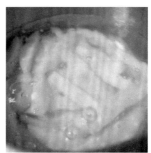

2. 瀝乾後放入滾水中煮約 8-9 分鐘，撈出瀝乾。

3. 煎鍋中放適量油，油熱後下馬鈴薯條，四面煎至金黃色即可起鍋。

4. 加入調味料拌勻即完成。

孩子一起動手做

調味料可自行變化，紅椒粉、咖哩粉都可以增加薯條風味，來減少鹽分使用。我家做這道時會讓孩子去思考市售薯條的鹽分有多高，再讓他們選擇喜歡的調味，自己調出鹽分剛好又好吃的薯條！

薯泥

每次去外面吃到薯泥，都會很驚訝為什麼可以如此柔軟綿密？在家裡試了幾次，發現大量的奶油雖是造就這種口感的功臣，但還是不想讓孩子吃下太多油脂，所以最後做出這種綿密又更無負擔的好吃薯泥！

材 料

馬鈴薯……800 公克　　　　鹽……1 小匙
奶油……40 公克　　　　　黑胡椒……1/4 小匙
牛奶……40 公克

製作小提醒

這種薯泥剛做好的時候是最佳入口時機，因為沒有多餘的添加，趁熱吃最好吃！如果放冷變硬，可以再重新加熱，加入適量的牛奶拌至想要的口感。

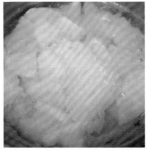  

1. 馬鈴薯去皮之後泡水延緩氧化，再切成片狀（切完的也立刻泡水）。

2. 接著瀝乾水分後放入電鍋中，外鍋放 2 米杯水蒸熟，趁熱以搗泥器搗成泥。

3. 加入奶油（奶油可先融化也可直接從冰箱取出，因為薯泥熱度夠，很容易化開）拌勻。

 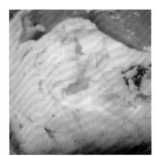

4. 再加入鹽及黑胡椒拌勻。

5. 最後慢慢加入牛奶，一邊倒一邊拌，牛奶的量必須看每種馬鈴薯的吸水程度，不一定倒多少，達到想要的綿密程度即可。

孩子一起動手做

要讓薯泥的口感綿密，搗成泥的階段盡量做得越細越好，可以讓孩子來操作，用搗泥器、叉子背面、飯匙，甚至擀麵棍都可以，只要好操作即可。

免炸雞米花

速食店很受大人小孩歡迎的雞米花，總是讓人一口接著一口，吃完的同時熱量也破表了！自己在家用烤箱就可以完成的雞米花，雞肉沒有經過油炸，熱量少去大半，更加健康！

▎材 料

雞胸肉……250 公克
玉米脆片……100 公克
蛋……2 個
低筋或中筋麵粉……50 公克

▎醃 料

鹽……1/4 小匙
黑胡椒粗粒……1/4 小匙
米酒……1 大匙

▎製作小提醒

最外層的玉米脆片，也可以用麵包粉或多力多滋、洋芋片這一類的餅乾。因為是用烤的，建議出爐後立刻吃掉，剛出爐的口感的確跟油炸的沒有差很多，不過冷掉之後會比較硬，放冷了就不好吃。

1. 雞肉切小塊之後，以〔醃料〕醃約 15 分鐘。

2. 玉米脆片可裝在乾淨的塑膠袋中，用擀麵棍或杯子敲碎。

3. 雞肉先沾取麵粉後，再抖落多餘麵粉。

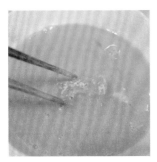

4. 接著沾裹蛋液，整塊都要沾滿。

5. 再沾裹玉米脆片。

6. 完成所有雞肉沾麵粉→蛋液→玉米脆片的順序後，擺放到放有烘焙紙的烤盤，放入烤箱以 190℃烤 20 分鐘即完成。

孩子一起動手做

這道不需開油鍋的雞米花，很適合讓孩子全程參與。玉米脆片打碎、雞肉沾裹乾料及溼料，都是很簡單的動作，小小孩也可以輕鬆駕馭喔！

蘋果燉豬肉

這道是有次在餐廳吃到的燉菜，同時結合濃郁與清甜，配著佛卡夏，非常好吃，小孩們都很喜歡！回家後只要家裡有剩下的蘋果，我就會拿來燉豬肉，配飯或配義大利麵都很美味！

▌材 料

洋蔥……1 個　　　　　蘋果……3 顆　　　　　　　　月桂葉……3 片
紅蘿蔔……1 根　　　　鹹豬肉或五花肉塊……300 公克　黑胡椒粗粒……1 小匙
馬鈴薯 (小) ……4 個　　白酒 (不甜) ……150cc　　　紅胡椒粒 (可省略) ……1/4 小匙

▌製作小提醒

如果給孩子吃不想放白酒，白酒可以用高湯取代。另外，肉放在最上面是為了燉煮時肉汁可以往下滲透，讓其他食材的味道更鮮美。鑄鐵鍋密合性夠好，要做成無水料理沒有問題，洋蔥和蘋果都是水分很多的食材，煮完會有鮮美的湯汁；如果是一般燉鍋也很好煮，水分加多一點，像一般燉煮料理操作即可。

1. 洋蔥切半月形，紅蘿蔔和馬鈴薯切塊，鹹豬肉或五花肉塊切塊。

2. 蘋果去皮切塊後放入鹽水中延緩氧化變黑。

3. 如果用的是五花肉塊，先在燉鍋中下適量油煎至焦黃，取出後備用，後步驟同。在鑄鐵鍋中最下面鋪滿洋蔥，接著鋪入紅蘿蔔、馬鈴薯與蘋果，最上面擺上鹹豬肉或剛才煎好的五花肉塊，再加白酒與月桂葉，蓋鍋小火燉煮約 30 分鐘。

4. 如果是可以無水料理的鑄鐵鍋，燉煮 30 分鐘後可以看見蘋果與洋蔥乳白色的湯汁；如果用的是一般燉鍋，建議在一開始加入適量高湯。

5. 起鍋前加入兩種胡椒調味，翻拌一下即可。因為鹹豬肉很鹹，不需另外再加鹽，如果用的是五花肉塊，需加適量鹽調味。

孩子一起動手做

孩子年紀大到可以使用菜刀了，蘋果可以幫忙切，如果還小，也可以幫忙準備鹽水，用來泡蘋果，延緩氧化。做這道的時候，我家孩子因為這樣學會泡鹽水延緩氧化的方法，大一點了自己切容易氧化的水果，也會用這樣的方法。

紅酒燉牛肉

家裡的大人、小孩都很愛的紅酒燉牛肉，用鑄鐵鍋就可以一鍋到底輕鬆做！只要先煎好牛肉，再用同一鍋炒香蔬菜，接著和牛肉一起以紅酒燉到牛肉軟爛，就可以做出非常入味及濃郁的紅酒燉牛肉！

▌材 料

牛腱……1500 公克
洋蔥……1 個
麵粉……適量
紅蘿蔔……1 根

杏鮑菇……3 根
小番茄……約 30 顆
月桂葉……約 4 片
新鮮迷迭香……3 根

紅酒 (不甜) ……600cc
高湯或水……適量

▌調味料

海鹽……1 大匙
糖……1 小匙
黑胡椒粗粒……1 小匙

製作小提醒

這是一鍋到底的簡易版本，不是牛肉和蔬菜要浸泡紅酒1-2天的費工做法。牛肉也可以使用牛肋條；杏鮑菇是我自己私心非常愛的食材，可用蘑菇取代，也可以不放；小番茄可以用牛番茄取代。紅酒必須用不甜的，但每種紅酒的酸度不同，調味料僅供參考，可以視情況增減鹽和糖的分量。

1. 牛腱洗淨後橫切塊；洋蔥洗淨去皮切半月形；紅蘿蔔洗淨去皮後切滾刀塊；杏鮑菇洗淨後切滾刀塊；小番茄洗淨去蒂切半。

2. 牛肉沾些許麵粉，用手拌勻讓每一面都均勻地沾到麵粉。

3. 鍋中加少許油，油熱後放入牛肉，兩面煎至焦黃，取出備用。

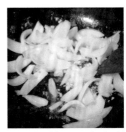

4. 再度熱鍋，用鍋中剩餘的油開始炒香洋蔥。

5. 再加入紅蘿蔔與杏鮑菇拌炒。

6. 加入煎好的牛肉。

7. 加入番茄與香料，倒入全部的紅酒，攪拌一下即可蓋上鍋子燉煮。

8. 待鍋邊冒煙後開蓋檢查一下，如果湯汁沒有蓋過全部材料，就再加適量的高湯或水，加入所有的調味料，再蓋上蓋子轉小火。為了防止黏鍋，接下來就是每隔一段時間開蓋攪拌一下，再蓋上蓋子燉煮，煮至牛肉軟爛，過程約1-1.5 個小時。

孩子一起動手做

這一道需要切的蔬菜還不少，孩子已經大到可以拿菜刀的話，幫忙切也能夠省下更多時間。
牛肉如果不好切的話，可冷凍到半硬的狀態，切起來會更輕鬆！

奶汁雞肉筆管麵

兩個孩子很喜歡白醬，這個是我家慣用的配方，不需要炒麵粉，不但做法簡單，做出來的白醬濃淡適中，味道也很棒！不管是筆管麵還是其他的義大利麵，甚至是燉飯，這個單純三種食材組合而成的白醬都很搭！

材料

雞胸肉……300 公克
洋蔥……60 公克
鴻喜菇……1 包
牛奶……100 公克
動物鮮奶油…100 公克

馬斯卡彭起司……100 公克
筆管麵……300 公克
鹽……1 小匙
黑胡椒粗粒……1 小匙

乾燥蒔蘿葉（或其他義式香料）……1 小匙

醃 料

鹽……1/4 小匙
黑胡椒粗粒…1/4 小匙
乾燥蒔蘿葉（或其他義式香料）……1/4 小匙

製作小提醒

香料不拘哪一種，挑選自己喜愛的使用即可。另外，筆管麵也可換成其他義大利麵，記得照包裝上的指示煮熟，要軟一點再加時間，要麵芯略硬則減少 1-2 分鐘，完成之前拿出一點試吃再決定要不要繼續煮最準。

1. 雞胸肉以逆紋斜切成薄片，加入〔醃料〕的所有材料拌勻，醃約 10 分鐘。

2. 洋蔥切成細丁。

3. 筆管麵照包裝上的時間建議煮熟後瀝出。

4. 鍋中加 2 大匙油，油熱後放入洋蔥炒軟。

5. 加入雞肉，兩面炒熟，再加入鴻喜菇拌炒。

6. 加入鮮奶、鮮奶油以及鹽、黑胡椒、蒔蘿調味拌勻。

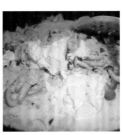

7. 醬汁微滾後加入馬司卡彭起司拌勻。

8. 最後加入煮好的筆管麵，拌勻即完成。

孩子一起動手做

有些人在家裡做這道義大利麵會覺得奶汁濃厚，但雞肉沒什麼味道，所以可以先醃過雞肉讓它入味，這個部分可以交給孩子來做，學習抓醃的技巧。

番茄肉醬

傳統的波隆納肉醬用的是新鮮番茄和純番茄醬,熬上至少半天,想要省時簡單料理,利用市售的番茄義大利麵醬,再加上紅酒等材料,一小時就可以熬煮出番茄醬與肉末完美融合的好吃肉醬喔!

材料

豬絞肉……400 公克　　　紅蘿蔔……1/3 根　　　黑胡椒粗粒……1 小匙
洋蔥……1/3 個　　　　　紅酒……100 公克　　　鹽……1 小匙
蒜頭……3 瓣　　　　　　市售番茄義麵醬……400 公克
小番茄……15 個　　　　　月桂葉……少許

製作小提醒

絞肉不宜放下去立即拌炒，一來不好炒開，二來一直拌炒到直到它全熟，肉末會變得非常細散，口感不好。小番茄可用牛番茄取代，手邊有什麼樣的紅番茄都可以利用。

1. 洋蔥和蒜頭切末；紅蘿蔔切細丁；小番茄切對半。

2. 鍋中加適量油之後熱鍋，放入洋蔥末和蒜末拌炒，炒至洋蔥呈現透明。

3. 再加入紅蘿蔔丁拌炒。

4. 接著放入絞肉，先不炒開，蓋上鍋蓋，等到絞肉半熟之後再開蓋慢慢炒開。

5. 放入番茄及月桂葉、黑胡椒粗粒，並倒入紅酒，拌炒一下。

6. 倒入市售番茄義麵醬，與材料充分攪拌均勻後即可蓋上鍋蓋轉小火燉煮。

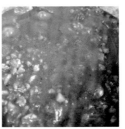

7. 中間可開蓋幾次檢查收汁狀況，如果太快可再加一些高湯進去，攪拌一下繼續燉煮。另外，可在這個步驟中加鹽調味，如果肉醬太酸，也可用糖調整味道。

8. 整個過程約需燉煮近一個小時，等到肉醬變得濃稠即完成。

孩子一起動手做

除了幫忙切蔬菜，已經能夠拿鍋鏟的孩子，可以幫忙炒絞肉。絞肉炒散看起來簡單，但需要保有口感，所以不會使力從頭炒到尾，以免過於細碎，可以讓孩子練習掌握技巧。

水牛城雞翅

源自紐約水牛城的「Buffalo wings」，口感充滿了辣、酸、香，是美式餐廳中大人小孩都喜歡的一道開胃菜！傳統作法將雞翅炸完之後再裹上辣醬，我的方式是以烤箱烤熟的方式代替油炸，吃起來比較清爽，熱量也沒有那麼高！

材料

雞二節翅……12 支

醃 料

紅椒粉……1 大匙
香蒜粒……1 大匙
鹽……1 小匙
黑胡椒粗粒……1 小匙
白酒 (不甜) ……1 大匙
麵粉……40 公克

辣 醬

奶油……40 公克
蒜末……1 小匙
Tabasco……2 大匙
番茄醬……2 大匙
蜂蜜……1 小匙

黑胡椒粗粒……1 小匙
白酒 (不甜) ……1 小匙

製作小提醒

如果怕太油，辣醬中的奶油可以省略，或是以橄欖油取代。另外，這道雞翅有很過癮的酸、辣味，因為小孩要吃，加了蜂蜜中和酸味，但傳統作法是沒有加入蜂蜜的，可以依自己的喜好調整。

1. 將雞翅放入一大型密封袋（或密封盒），倒入醃料中除了麵粉以外的所有材料。

2. 將密封袋封口，拿起來搖晃混合均勻，醃約半小時。

3. 放入麵粉後，一樣將密封袋封口，拿起來搖晃混合均勻。

4. 放入烤箱以 180 ℃ 烤 25-30 分鐘至熟。

5. 將辣醬中的奶油放入鍋中加熱融化，再放入辣醬中其他所有的材料，混合均勻。

6. 將烤好的雞翅均勻地沾裹辣醬即完成。

孩子一起動手做

醃雞翅的時候可以使用塑膠袋或密封盒，需搖晃均勻，這個動作可以讓孩子來做。另外，辣醬的調製也很簡單，小朋友來做沒問題，但如果怕辣的話，也不必一定要吃傳統口味，Tabasco 可省略。

蜂蜜芥末炸雞柳

幾年前家裡附近開了一家西式餐廳，餐廳氣氛好，東西也好吃，一道蜂蜜芥末醬炸雞柳，完全俘虜了家裡兩個孩子的胃，後來回家研究了麵糊，用新鮮雞里肌肉去炸，沒想到意外的好吃！

材 料

雞里肌肉…約 10-12 條
米酒或白酒（不甜）……
1 大匙
中筋麵粉……100 公克

紅椒粉……1 小匙
黑胡椒粗粒……1 小匙
薑黃粉……1 小匙
鹽……1 小匙

蛋……1 個
柳橙汁……半顆份
水……適量

蜂蜜芥末醬

鹽……1/4 小匙
法式芥末醬……2 大匙
蜂蜜……1 大匙

製作小提醒

法式芥末醬有芥末籽或無芥末籽的皆可。另外，如果小孩不喜歡的話，紅椒粉與薑黃粉可省略。
如果喜歡非常酥脆的外皮口感，可以第一批炸完撈起來後，火不用關，待雞肉降溫一點後再放下
去炸第二次，時間短短的就好，最後起油鍋前開大火，把油逼出來。

1. 雞柳以米酒醃約 20
分鐘。

2. 紅椒粉、黑胡椒粗
粒、薑黃粉與鹽加入麵
粉中先拌勻。

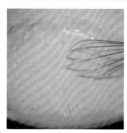

3. 再加入蛋及柳橙汁攪
拌均勻，並加適量水拌
成麵糊，約鬆餅麵糊的
稠度。

4. 油鍋加熱，若炸鍋像
這種鍋子一樣大，油不
必蓋過食材，可用半煎
半炸的方式完成。丟入
一小塊麵糊，麵糊立刻
浮起並出現小泡泡就表
示油溫足夠。

5. 將雞肉均勻地沾裹麵
糊。

6. 放入鍋中，直到一面
炸熟再翻面，直到全部
完成。炸好撈起後可置
於廚房紙巾上吸油。

7. 將蜂蜜芥末醬中的材
料充分混合，食用時搭
配即可。

孩子一起動手做

這一道炸雞柳的麵衣，有使用到柳橙汁，可以讓孩子幫忙擠果汁出來。要快速方
便，不想拿出榨果汁的器具，通常我都會給孩子一根叉子，把柳橙切一半，一手
用叉子抵住果肉的部分，另一手扭轉同時擠壓柳橙，就是簡便的擠汁方法了！

點心篇

萬用紅豆餡

做點心如果用現成的紅豆餡，會省很多時間，但自己做的好處是可以調整糖量，不死甜。萬用紅豆餡可以用來做日式糰子、紅豆包餡湯圓、鯛魚燒、銅鑼燒、大福等點心，做多了可以冷凍常備保存，非常好用！

▌材 料

紅豆……200 公克　　　　二砂糖……80 公克
水……400-600 公克　　　玄米油（或其他植物油）……30 公克

▌製作小提醒

家裡如果有萬用鍋或壓力鍋，做紅豆餡會更加省時。這個做法提供給家裡只有電鍋的朋友，如果
不喜歡豆澀味，也可以學日本人多一道「澀切」的工序，先將紅豆煮過，頭幾回煮的水會倒掉，
再進行之後的步驟。

1. 紅豆餡要做成包餡甜點，
可以提前一天先做，涼透了
比較好包。

2. 做紅豆餡的前一天，先將
紅豆洗淨，泡 2 倍的水一個
晚上，也就是 200 公克的紅
豆泡 400 公克的水，睡前放
在冰箱泡到第二天再煮。

3. 泡好的紅豆直接放入電
鍋，在外鍋放 2 米杯水，
開關跳起後燜 20 分鐘。燜
好的紅豆是半熟的，翻拌一
下，如果水被吸收，就加到
可以淹過紅豆的水量，再重
複外鍋放 2 米杯水，開關跳
起後燜 20 分鐘。

4. 這時候的紅豆應該夠軟爛
了，可檢查幾顆看看，再放
入糖拌勻。

5. 然後將蒸好的紅豆餡放入
鍋中，倒入油，一邊翻炒一
邊壓，直到收汁狀態，但不要
炒太乾，因為涼透了會更乾。

6. 紅豆餡如果一次太多可以
分批冷凍保存，如果要立刻
用，就等涼透或冷藏到第二
天再使用。

孩子一起動手做

我家孩子大一點會拿菜鏟的年紀時，很喜歡幫忙翻炒紅豆餡。紅豆如果煮出來水分太多，往
往要花很多時間炒乾，大人小孩輪流翻拌，不會炒到手痠，又增加很多樂趣！

草莓大福

每到草莓季，我們家就會做各式各樣的草莓甜點，草莓大福更是不能少的一道！大福非常適合親子一起動手做，如果想吃的時候非草莓季，也可以換成孩子喜歡的水果。

材 料

中型草莓……8-10 顆
紅豆餡……分量及做法請
參考 P.134「萬用紅豆餡」

大福皮

糯米粉……120 公克
水……150 公克
細砂糖……30 公克

玄米油 (或其他植物油) ……15 公克
片栗粉 (日本太白粉) ……適量

製作小提醒

草莓大小不一，可以調整紅豆餡的量，包出來的大福才會差不多大小。另外，糯米製成的大福皮很怕乾掉，除了製作的時候隨時蓋一張保鮮膜或布，做好的大福不耐放，冷藏容易變硬，常溫密封即可，最好當天就吃完。

1. 草莓洗乾淨之後一顆、一顆搵乾，再切去蒂頭備用。

2. 將〔大福皮〕中的糯米粉、水和糖放入調理盆中拌勻，直接放入電鍋，以外鍋 1 米杯的水蒸熟。

3. 蒸好後如果感覺中心還沒熟透，翻拌一下，外鍋再加一點水，蒸個 5-10 分鐘。

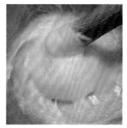

4. 蒸好的米糰加入油，用擀麵棍的一端（可沾一點水）慢慢搗至米糰滑順，出現 QQ 的感覺。

5. 搗好的外皮會有點黏，準備片栗粉（日本太白粉），也就是熟的太白粉，將外皮沾上粉，慢慢分出約 40 公克/個外皮。

6. 將紅豆餡包入草莓，紅豆餡與草莓可抓大約 1：1 的分量。

7. 再將大福皮攤開或擀開後包入。這個配方可做 8-10 個草莓大福。

孩子一起動手做

草莓很怕碰傷，是很需要溫柔對待的水果，洗草莓的工作我喜歡交給孩子，學習一顆顆輕輕洗乾淨。搗大福皮也很適合讓孩子做，我女兒小時候用擀麵棍搗的時候，都會笑說自己很像玉兔！

鯛魚燒

每次烤出來，孩子的小手總是忍不住立刻拿起來吃的鯛魚燒，在家用鬆餅機及鯛魚燒模型就可以做出來！利用鬆餅粉能夠簡單做出鯛魚燒的麵衣，加上自製紅豆餡，真的是既簡單又好玩的點心！

材 料

鬆餅粉……300 公克
蛋……1 個
牛奶……200cc

紅豆餡……分量及做法請
參考 P.134「萬用紅豆餡」

製作小提醒

每台鬆餅機的加溫狀況都不同，除了預熱時間要充足之外，也可以在中途打開一點看一下麵糊熟的程度，多試幾次就可以掌握機器上色大概需要多久時間。另外，鬆餅粉最好挑選成分不要太多，膨脹劑也使用無鋁泡打粉的，給孩子吃更安心！

1. 鬆餅粉加入蛋、牛奶打散。

2. 攪拌至看不見粉粒，呈現柔滑的麵糊。

3. 鬆餅機開機預熱 5 分鐘，倒入約 6-7 分滿的麵糊。

4. 接著將蜜紅豆以擠花袋或湯匙塑成長扁狀，置入麵糊的中央，再迅速倒入麵糊覆蓋住紅豆餡，麵糊的量剛好填滿模型即可。蓋上蓋子加熱 6 分鐘即完成。

孩子一起動手做

鬆餅機預熱完成後，倒入麵糊之後要立刻放入紅豆餡，如果是做好冷藏備用的紅豆餡，會很好塑形，可以請孩子先量一下鯛魚燒的長度，紅豆餡可塑成長條型，長度不要超過鯛魚燒。

藍莓生乳酪蛋糕

生乳酪蛋糕在網路甜點店紅到不行，在家做很簡單，又不必用到烤箱。藍莓口味酸酸甜甜的很清爽，每到夏天和孩子一起做，很快就會被吃光！它的變化很多，也可以用其他喜歡的水果，乳酪蛋糕本身也可以加一點果汁或果醬去變化顏色！

材料

消化餅⋯⋯7 片
無鹽奶油⋯⋯30 公克
奶油起司⋯⋯200 公克

原味優格⋯⋯100 公克
檸檬⋯⋯1 個
細砂糖⋯⋯80 公克

吉利丁片⋯⋯10 公克
鮮奶油⋯⋯100 公克
藍莓⋯⋯約 60 公克

製作小提醒

想做成這種大的圓型蛋糕又沒有分離蛋糕模的話，可以利用慕斯框，底下有硬平的容器即可，如平盤、木砧板等等。如果想做成小巧可愛的生乳酪蛋糕，可以用一般硬一點的杯子蛋糕紙模，也很方便小朋友挖著吃。

  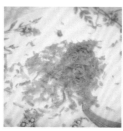 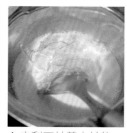

1. 奶油起司置室溫軟化；奶油隔水加熱或微波爐融化成液態；藍莓洗淨後瀝乾；消化餅用食物處理機打成粉末狀或敲至細碎。

2. 將融化的奶油加入消化餅，攪拌混合，再鋪於模型底部（底部可鋪一張圓形烘焙紙，有利脫模），用湯匙背面壓實、壓平。

3. 檸檬洗淨後刨檸檬皮屑，不要刨到白肉的地方，以免產生苦味；檸檬擠汁備用。

4. 吉利丁片剪小片後，泡在冰水中軟化，接著將鮮奶油隔水加熱，煮至鍋邊冒小泡時就可以加入擠乾水分的吉利丁，用湯匙攪拌至吉利丁全部融化。

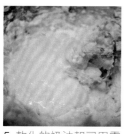   

5. 軟化的奶油起司用電動打蛋器打散、打軟，加入優格繼續攪打混合。

6. 再加入檸檬皮屑、糖及檸檬汁混拌，最後加入鮮奶油，混合均勻。

7. 在餅乾底的上面先鋪上一層藍莓粒，接著倒入蛋糕糊。

8. 在表面再綴上藍莓粒，在上面封好一層保鮮膜（不要碰到蛋糕體）或蓋子，冷藏至少六小時。

孩子一起動手做

如果有食物處理機，餅乾底做起來會省力很多，但通常我會把消化餅放進一個乾淨的塑膠袋，封口或用手抓好，平鋪於桌上，讓孩子用杯子側緣或擀麵棍慢慢敲碎，一來有參與感，二來也可以控制細碎的程度，如果想要多一點餅乾的口感，就可以留一點點不要敲那麼碎。

叉燒酥

在外面港式飲茶很常吃到叉燒酥,真的是小孩很愛的點心啊!不過外面賣的叉燒,有時紅通通的,感覺加了不少紅色色素,用現成的酥皮來做,可以省很多力,內餡就從頭到尾自己做,沒有添加色素,吃起來更加安心!

材料

冷凍酥皮……7 張
豬胛心肉……250 公克
洋蔥……50 公克
蒜頭……2 瓣
蛋……1 個

調味料

米酒……1 大匙
白胡椒粉……少許
醬油……1 大匙
蠔油……1 大匙

番茄醬……1.5 大匙
蜂蜜……1 大匙

勾芡

太白粉……1 小匙
水……2 小匙

製作小提醒

通常酥皮解凍到可以彎折的程度就可以開始包，再軟就會黏黏的不好包。如果發現室溫太高，酥皮變軟，可以再冰回冷凍庫讓它變硬一點，會比較好操作。另外，市售酥皮通常會有隔層紙，在包製的時候可以將它墊在酥皮下面，要折的時候就利用那層紙，手不會直接碰到，酥皮也比較不會因為手的溫度而太快變軟。

1. 蒜切末，洋蔥切末，豬肉切小丁。

2. 鍋中下一大匙的油，炒香洋蔥和蒜末，再下豬肉丁炒熟。

3. 加入所有的調味料，拌炒均勻。

4. 太白粉加水拌勻，視收汁情況酌量勾芡。

5. 做好的餡料必須放到完全冷卻。

6. 酥皮解凍到可以彎折的程度即可，不要解凍到太軟，否則不好包，放上適量的餡料。

7. 包好之後收口可沾一點水再以叉子背面壓緊。

8. 刷上蛋液，表面劃幾刀以防過度膨脹，以180°C烤約 20-25 分鐘。

孩子一起動手做

這道點心很適合讓小孩來包，一般買到的酥皮是正方形，要把叉燒酥做成什麼形狀都不拘，長方形、三角形……小孩在做這道點心總是會玩得不亦樂乎！

芋圓

女兒很喜歡芋圓，每次在外面的甜品店吃到，都會吃得很開心！在家做芋圓或地瓜圓一點都不難，煮好的芋圓配上紅豆湯，或是黑糖薑湯，尤其在冷冷的冬天吃，真的是無與倫比的美味啊！

材 料

芋頭……300 公克
地瓜粉……70 公克
太白粉……50 公克
糖……60 公克

製作小提醒

地瓜圓做法相同，將芋圓換成地瓜即可，但地瓜的水分通常較多，在加粉的時候可做一些調節。
不管是芋頭還是地瓜，每顆的水分都不同，食譜中的粉量參考即可，主要就是揉到成團、不黏手
也不會太乾的程度。如果真的不慎加入太多粉變乾，再慢慢加水調節，不要一次加太多進去。

1. 芋頭切薄片（較易熟），
電鍋外鍋加 2 杯水蒸熟。

2. 趁熱加入糖，並用搗泥器
或叉子背面壓成泥。

3. 先將地瓜粉及太白粉混拌
均勻，再分次加入 2 中，拌
勻成團，不黏手即可，太乾
才加少許水調節。

4. 搓成長條狀。

5. 再用刮板切成小段。

6. 水煮開後放入芋圓，浮起
即熟。

孩子一起動手做

外面賣的芋圓，通常是小顆的圓柱狀，我家的孩子很喜歡搓成小圓球。
圓柱狀可以搓成長條，用刮板分切，圓球的話就是分切後多了一道搓圓
的程序。可以讓小孩隨自己喜好製作！

巫婆手指餅乾

每到萬聖節，外面的甜點店或麵包店就會紛紛祭出各式造型點心，雖然特別，但色素和其他添加物往往不少，我總是不太敢買給孩子吃。後來我們自己在家做這個巫婆手指餅乾，形狀仿真得很嚇人，口感好吃，小孩也超喜歡的！

▋材 料

無鹽奶油……200 公克	蛋……1 個	可可粉……10 公克
黑糖……50 公克	低筋麵粉……320 公克	抹茶粉……4 公克
上白糖（或細砂糖）……30 公克	無鋁泡打粉……3 公克	杏仁果……約 36 顆

製作小提醒

手指餅乾要做到仿真同時好吃，建議塑形的時候手指不要太過立體，否則烤出來的餅乾很容易最中間的地方還沒熟，側邊就先焦了，所以形狀塑得「略扁」比較能讓整塊均勻受熱。另外，每台烤箱的溫度和脾性都不同，請視自家烤箱斟酌烤焙時間。

1. 烤箱以上下火 170℃／150℃預熱；糖的部分準備好黑糖和上白糖。

2. 無鹽奶油放至室溫軟化，打軟後加入糖打勻。

3. 蛋必須為室溫，將蛋液分 2 次加入，要完全吸收後再放下一次。

4. 將麵粉、泡打粉過篩加入，使用攪拌刮刀以切拌、輕壓的方式至看不見粉粒。如果不好操作也可用手聚合成麵糰，但切記勿用力搓揉以免出筋影響口感。

5. 將做好的麵糰平均分成三等分，約 200 公克／份。在其中兩份麵糰中分別加入抹茶粉及可可粉，揉壓至顏色均勻，再將麵糰以保鮮膜包覆好，放冰箱冷藏約 30 分鐘。

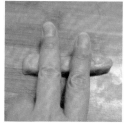

6. 再取出麵糰後分成每一個約 15 公克，塑成長條形。用兩根手指按出關節凹處（我因為一手要拍照所以用同一手的兩根手指，但其實用雙手的食指一起按壓會比較好壓）。

7. 用刀背、叉子或像這樣的麵包抹刀刻出手指紋路，再用杏仁果沾一點水之後壓進手指頂端成為指甲。

8. 以上下火 170℃／150℃烤約 20-25 分鐘，出爐後徹底放涼。此份量約可做 36 根手指餅乾。

孩子一起動手做

每到萬聖節做這款手指餅乾，小孩都會玩得很開心！胖手指、短手指、混色麵糰做成彩色手指……跟捏黏土一樣，總是創意無限。如果孩子有喜歡的風味粉，像是紫薯粉、紅茶粉，都可以拿來調出更多顏色的手指餅乾！

可可杏仁片餅乾

下午茶經典的可可杏仁片餅乾，有著濃濃的可可風味，美味無比！製作過程非常簡單，麵糰經過冷凍後再切片烤製，屬於「冰箱餅乾」類，平常做起來放冰箱，要吃多少再切多少去烤，非常方便！

材 料

無鹽奶油……150 公克
低筋麵粉……280 公克
無糖可可粉……20 公克

蛋……1 顆
三溫糖（或糖粉）……70 公克
杏仁片……40 公克

製作小提醒

餅乾成糰的時候，為了避免塑形後有空洞，可以盡量壓實、壓緊，麵糰最好包裹著杏仁片，杏仁片一旦外露太多，很容易烤完太乾掉出來，餅乾就會缺一角。要塑成圓柱狀或長條形都不拘，唯切片的時候厚度盡量一致，整盤去烤才會每一片同時熟。

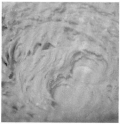

1. 烤箱以上下火 170℃／ 150℃預熱；無鹽奶油放至室溫軟化，打至微發後再加入糖打勻。

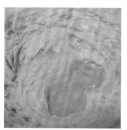

2. 蛋打散後分兩次加入拌勻，要完全吸收後再倒入下一次。

3. 加入過篩的麵粉及可可粉，先用攪拌刀稍微拌勻。

4. 若攪拌刀拌勻時難成糰，可以用手抓勻麵糰至看不見粉粒。

5. 加入杏仁片後拌勻，切勿用力揉壓麵糰。

6. 將麵糰塑成長條狀或自己喜愛的形狀，再用保鮮膜包緊，放進冷凍庫約 1 小時。

7. 用較利的刀切成約 0.5 公分厚的餅乾片，在烤盤上墊一層烘焙紙，整齊排列，需有足夠間隔。

8. 以上下火 170℃／ 150℃烤約 20 分鐘，燜 5 分鐘，取出不要立刻吃，完全放涼才會脆。此分量約可做 30 片。

孩子一起動手做

這款奶油餅乾是採糖油拌合法，是很入門的餅乾，大一點的孩子可以全程操作，小小孩也可以幫忙秤重需要的材料，在成糰的時候協助塑型。

抹茶紅豆牛軋餅

過年伴手禮很受歡迎的牛軋餅，利用現成的棉花糖和蘇打餅乾，就可以和孩子一起在家做，
非常簡單！市面上很常看到的口味就是原味棉花糖餡，我把餡料加入抹茶粉和蜜紅豆，讓牛
軋餅有不一樣的味道，充滿濃濃的日式風，真的很好吃！

▌材料

白色棉花糖……100 公克　　抹茶粉……5 公克
無鹽奶油……50 公克　　　蜜紅豆粒……60 公克
烘焙用奶粉……50 公克　　原味蘇打餅乾……約 50 片

製作小提醒

隔水加熱能夠讓融化的棉花糖收得沒那麼快且不會焦掉，如果不想要隔水加熱，最好用不沾鍋，而且一定要使用小火，以免煮焦。另外，餡料要趁熱夾入較軟，冷了會變硬不好操作。隔水加熱的那一鍋熱水不要倒掉，放入煮棉花糖的鍋中泡一下，更易清洗。

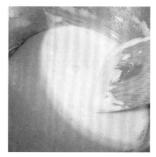

1. 將奶油隔水加熱至融化。

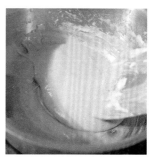

2. 放入棉花糖，邊煮邊攪拌至棉花糖融化且均勻混合。

3. 加入奶粉與抹茶粉，迅速攪拌均勻。

4. 熄火後加入蜜紅豆粒，拌勻。

5. 趁內餡熱的時候放適量於一片蘇打餅乾上。

6. 再蓋上另一片蘇打餅乾，從中間輕壓讓餡料分布開來。

孩子一起動手做

在做這個點心的時候，我家兩個孩子最喜歡把餡料填入餅乾，再用另一片壓住。雖然是簡單的動作，但對小孩來說，就像遊戲一樣好玩！配方中不用抹茶粉和蜜紅豆，就是原味牛軋餅，也可以依照小孩喜歡的口味去做變化。

拇指水煎包

自從做了在網路上很紅的拇指水煎包，家裡只要包水餃還剩下餃子皮，我就會做這道小點心。
這種拇指水煎包小小一顆很可愛，對於「以貌取食」的孩子來說，消滅的速度比煎餃快很多，
很適合當成放學後的小點心！

材料

水餃皮……約 20 張	鹽……1/2 小匙
豬絞肉……200 公克	糖……1 小匙
蒜頭……2 瓣	白胡椒粉……1/4 小匙
米酒……1 大匙	香油……1 大匙
醬油……1 大匙	蔥……半支

蔥薑水

蔥……半支
薑……1 小塊
水……200cc

麵粉水

麵粉……1 小匙
水……150c

製作小提醒

因為小小一顆，包的肉餡不多，肉餡更要有多汁的飽水感，所以「打水」的程序很重要，讓蔥薑水慢慢打進肉餡，吃起來才會多汁不乾柴。

1. 先製作蔥薑水：蔥與薑拍碎後，浸入冷開水，用手抓蔥薑，讓味道釋放出來，瀝出水備用。

2 蛋肉餡用的蒜切末、蔥切蔥花。

3. 絞肉放入調理盆中，加入蒜末、米酒、醬油、鹽、糖及白胡椒粉拌勻。

4. 接著每次下 2 大匙蔥薑水進肉餡，以同一方向「打水」，水分吸收進去了再加下一次的 2 大匙蔥薑水，一共加了 4 次。水分不限打多少，只是水分越多，肉餡越稀軟而越難包，建議飽水度夠了就可以停止。

5. 打水完成的肉餡加入香油拌勻，這時才加入青蔥（青蔥太早加會因為出水影響肉餡狀態）拌勻，可冷藏半小時讓肉餡硬一點更好包。

6. 水餃皮如果太小不好包，可稍微拉伸一下，或擀更大片，以包包子的方式包入肉餡即可，收口捏緊。

7. 較平底鍋中放入約 2 大匙的油，油熱後將拇指水煎包放入，煎至底部上色。

8. 此時倒入 1/2-1/3 的麵粉水（將麵粉水中的材料混勻即可），蓋上鍋蓋蒸煎，等水分吸收了再分次倒入剩下的麵粉水，總共分 2-3 次倒入，全程從煎開始約需 10 分鐘。

孩子一起動手做

肉餡打水的動作可以和孩子輪流做，一起做更省力！包餡對孩子來說，如果包成小型水煎包的方式比較困難，也可以讓孩子盡情發揮，不管包成什麼形狀，只要封口封緊，煎的時候肉餡不會跑出來就好。

蜂蜜檸檬瑪德蓮

非常討喜的法式小蛋糕瑪德蓮，利用焦化的澄清奶油做成，作法一點都不難，多練習幾次就能掌握它的溼潤度。這個配方的檸檬味很夠，又酸又甜非常好吃，連小孩都無法抗拒！

材 料

無鹽發酵奶油（或無鹽奶油）……110 公克
檸檬……1 顆

二級砂糖……85 公克
蛋……2 個
蜂蜜……20 公克

低筋麵粉……125 公克
無鋁泡打粉……5 公克

製作小提醒

麵糊從冰箱取出後如果太硬，可放置室溫 10-15 分鐘讓它軟化，入模用湯匙、擠花袋都可以，如果希望讓每一顆都一樣重，可以把烤盤放在磅秤上面，扣重後再填入麵糊。一般最常見的貝殼蛋糕模，一顆約 23-25 公克。

1. 烤箱以上下火 180℃ 預熱；奶油放在小鍋中，加熱至奶油融化沸騰，出現焦香味即熄火。

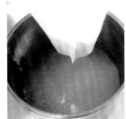

2. 用濾網或濾茶袋把澄清的部分濾出來，即為澄清奶油。

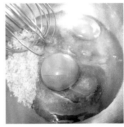

3. 檸檬洗淨後刨屑，不要刨到白色的地方以免產生苦味，再與糖混合，用手指稍微搓合讓糖充分吸收檸檬皮的香味。在檸檬糖中加入蛋，用打蛋器混合拌勻。

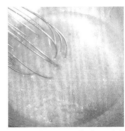

4. 接著加入蜂蜜、澄清奶油及半顆份的檸檬汁，混合拌勻。

5. 最後加入過篩後的低筋麵粉及泡打粉，混拌均勻即可。麵糊放冰箱冷藏至少兩小時或過夜靜置。

6. 如果用的模型不是不沾的，可在模型上塗一層薄薄的奶油，再灑上麵粉，接著將多餘的麵粉倒出，讓它薄薄地沾在模型上即可，冷藏個 5 分鐘之後再取出。

7. 將麵糊填入瑪德蓮專用的貝殼模中，不用太多，約 8 分滿即可。

8. 以上下火 180℃ 烤 12-15 分鐘即完成。此分量約可做 15 個瑪德蓮。

孩子一起動手做

瑪德蓮的麵糊製作非常簡單，全程只要攪拌就好，不用打發，小小孩也能幫忙做。但這種麵糊還是需要輕柔攪拌，才不會讓麵糊出筋，可讓孩子做，掌握力道。

無蛋版提拉米蘇

自己 DIY 不必加蛋的提拉米蘇，給孩子吃也很安心！另外加入伯爵茶增加風味，讓提拉米蘇吃起來不只濃郁，還多了紅茶香味！不需烤箱的簡單點心，只要有適合的容器就可以製作！

材 料

熱黑咖啡……350cc
伯爵紅茶包……2 包
市售手指餅乾……約 20 根

動物性鮮奶油……250 公克
馬斯卡彭起司……500 公克
細砂糖……50 公克

防潮可可粉……30 公克

製作小提醒

如果不喜歡紅茶，伯爵紅茶包可以不用，就是原味的提拉米蘇。市售的手指餅乾吸水力非常強，咖啡紅茶液一定要放至涼，微溫也可，太熱會在沾浸的時候讓餅乾瞬間軟化斷掉。

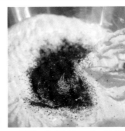

1. 準備一杯熱的黑咖啡，將伯爵紅茶包一包放入咖啡中備用放涼；馬斯卡彭起司用打蛋器打至鬆軟。

2 接著加入糖，攪打拌勻。

3. 再加入另外一包伯爵紅茶包中的茶粉，如果茶包中的是茶葉，必須先磨碎，攪打均勻。

4. 打蛋器不用洗過，直接將鮮奶油打至八分發。

5. 將鮮奶油拌入起司糊，翻拌均勻即可。

6. 準備好盛裝的容器，將手指餅乾浸入咖啡紅茶液中，浸約 1 秒即可。

7. 將吸收咖啡紅茶液的手指餅乾排放在容器底部，再鋪上起司糊直到排滿，表面用湯匙背面稍微抹平。

8. 最頂層用麵粉篩將可可粉鋪上一層。

孩子一起動手做

這道甜點非常容易製作，小孩也可以輕鬆參與。孩子用手指餅乾沾咖啡切記不要太久，因為手指餅乾吸水力很強，如果太溼就會不好吃。填餡可以用湯匙或擠花袋，讓孩子一層一層去鋪。

琉璃湯圓

網路上非常吸睛的琉璃湯圓，趁著某年寒假剛好遇上元宵節和孩子一起動手做，用不同的天然色粉調出自己想要的顏色，真的很療癒！餡料自己簡單做，沒有多餘的添加物，漂亮又吃得安心！

材料

糯米粉……300 公克
水……250 公克
南瓜粉、薑黃粉、紅麴粉、紫薯粉、
抹茶粉……適量

花生內餡

花生粉 (含糖)……150 公克
無鹽奶油……100 公克

製作小提醒

我買的花生粉是加糖的，如果是沒有加糖的，需要再放適量的糖粉。花生餡如果有調理機的話，也可以直接將軟化一點的奶油與花生粉攪打均勻，就可以立刻包，少一道融化奶油的程序。

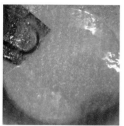

1. 將無鹽奶油融化，加入花生粉拌勻，放入冰箱冷藏變硬。

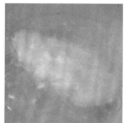

2 每種糯米粉的吸水程度不同，將糯米粉放入調理盆中，留一點水不要加，其他慢慢加入，邊加邊拌，太乾就加一點水，太溼就再加一點粉，直到成團。
取其中一塊粉糰，放入滾水中煮至浮起，即為「粿粹」(粄母)。

3. 粿粹煮好後放涼一下，再加入原來的粉糰，接著揉成不黏手的粉糰，太黏手就加一點粉。

4. 準備好所有的色粉，完成的粉糰，我是取其中的一半，再分成 4 等分。

5. 每一等分加入不同的色粉揉勻，完成後先蓋上布，以防乾燥。

6. 花生餡冰硬後取出，分成 9-10 公克一小球，再度冷藏冰到更硬。

7. 琉璃紋的外皮有很多操作方法，可以先做扭結再揉圓包餡，也可以不同顏色的小粉糰堆疊→剝開再集合。一顆湯圓的外皮約 21-22 公克。

8. 包入冰硬的花生餡後，收口黏緊，立刻下鍋的話，煮至浮起後再煮個 30 秒即完成。如果沒有要立刻煮，可以將湯圓滾上適量的糯米粉，彼此不會沾黏，再冷凍保存。

孩子一起動手做

琉璃湯圓最好玩的就是每個人做出來的顏色都不一樣，紋路也各有特色。可以和孩子用不同的天然色粉調出各種顏色的米糰，再自由組合，過程很像捏黏土，連大人都會覺得很有趣！

鐵鍋鬆餅

咖啡店紅極一時的鐵鍋鬆餅，其實就是約克夏布丁的做法。我用橄欖油取代奶油來製作，更加簡便，味道也更清爽！鐵鍋鬆餅的口感很像可麗餅，也像法式吐司，可以任意加入自己喜愛的配料。加上一球冰淇淋，我們家的孩子總是很快就能消滅它！

▌材 料

橄欖油⋯⋯30ml　　　低筋麵粉⋯⋯75 公克
牛奶⋯⋯125ml　　　鹽⋯⋯1/2 小匙
蛋⋯⋯1 顆

▌配 料

水果及果乾⋯⋯適量
糖粉⋯⋯適量

▌製作小提醒

倒入麵糊的動作要迅速，才能做出膨膨的漂亮鬆餅。配料可以任意放自己喜歡的東西，像是冰淇淋或果醬。

1. 將烤箱預熱至 200℃，在鐵鍋內放入橄欖油，可以搖晃一下讓它均勻附著，接著放入烤箱加熱 10 分鐘。

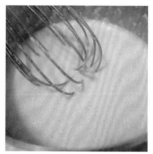

2. 將牛奶、蛋、麵粉及鹽用打蛋器全部混合攪拌均勻。

3. 將加熱完成的鐵鍋小心地從烤箱中取出，一定要戴隔熱手套以免燙傷，將鐵鍋放在隔熱墊上，迅速倒入麵糊，再放入烤箱烤 20-25 分鐘，直到表面呈金黃色並且膨起來。

4. 在鬆餅上放喜愛的配料，這次放的是蟠桃、香蕉、葡萄乾及核桃，最後灑上一些糖粉即可。此分量可以做一份直徑 20 公分鐵鍋的鬆餅。

孩子一起動手做

和一般鬆餅一樣，配料可以隨自己的喜好決定。這個步驟不妨讓孩子來做，如果要放上水果丁，也可以練習切水果。不過配料一定要先準備好，這道一定要趁熱吃，在鬆餅又膨又熱的時候吃下它，口感是最好的喔！

雙口味南瓜茶巾

感覺很秋天的南瓜,在台灣最幸福的是一年四季都可以買到!這道南瓜茶巾,可當甜點、鹹點,更是家庭日式便當的常客。它有豐富的維生素,也不需加其他的澱粉成型,加上本身的天然甜味,更不必加糖,可說是相當健康的點心!

材料

南瓜……300 公克
紅豆餡……50 公克
抹茶粉……1 公克

味噌奶油乳酪餡

奶油乳酪……100 公克
味噌……1/4 小匙
味醂……1/4 小匙

製作小提醒

每顆南瓜的水分不同，如果水分太多，塑型好之後可冷藏至少 30 分鐘定型。鹹口味的味噌起司餡，
配方中的量會比實際需要量多，因為再少量便不好操作，剩餘餡料可做為麵包抹醬，非常好吃！

1. 南瓜如果要帶皮吃，最好選擇有機南瓜，無論是不是要帶皮吃，生南瓜不易去皮，可在洗淨後先切開去籽，直接切大塊。

2 將南瓜肉蒸熟，可利用電鍋，要省時的話可放入微波專用容器，微波約 4-6 分鐘。用筷子插入可輕鬆穿過，表示已熟軟。

3. 這時皮很好去除，可取肉至調理碗中，用叉子背面壓成泥。不喜歡纖維口感的話，可過篩。

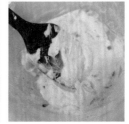

4. 鹹口味的餡，將奶油乳酪以攪拌刮刀拌軟，再加入味噌與味醂拌勻。

5. 綠色外皮口味，取南瓜泥約 50 公克，加入過篩的抹茶粉拌勻。

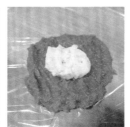

6. 將放涼一點的南瓜泥，取約 50 克在保鮮膜上，再包入約 25 公克的味噌奶油乳酪餡。此食譜分量可做 1 個。

7. 將保鮮膜拉起，確定餡全部被包入，頂端揪緊成茶巾狀。

8. 紅豆餡口味的雙色外皮，變化很自由，可取抹茶與原味各約 25 公克，包入約 25 公克的紅豆餡，塑型方式同上。此食譜分量可做 2 個。

孩子一起動手做

每次做南瓜茶巾，我家的孩子最喜歡最後塑型的操作！中間將南瓜壓成泥也很好做，可以交由孩子來做。塑型除了傳統的茶巾形狀，也可以留幾顆讓小孩自由創作！

牡丹餅

同樣的日本甜點紅豆糯米餅，隨著不同季節就有牡丹餅、夜船和萩餅等不同的名稱。這個在家庭中易於製作的牡丹餅，也是大人和小孩都愛的米製甜點，外層的變化除了包裹紅豆沙，也常見黃豆粉、芝麻粉和海苔粉，做為小朋友的點心很適合！

材 料

圓糯米……1 米杯 （150 公克）　　　紅豆粒餡……210 公克　　　糖粉……20 公克
白米……1 米杯 （150 公克）　　　　黑芝麻粉……20 公克
上白糖 （或細砂糖）……2 大匙　　　黃豆粉……20 公克

製作小提醒

牡丹餅的最佳賞味期限是當天，冷藏會讓米飯留失水分而失去風味，所以吃多少再做多少。此食
譜分量的糯米飯會剩下（糯米與白米再減少便不好操作），建議如果家裡人口多，可以自行增加
其他材料，最多可做三種口味各 5 個（共 15 個）。

1. 圓糯米和一般白米洗淨後泡水一小時。

2 以平常煮飯的方式，電子鍋或電鍋（外鍋 1 米杯水）皆可，內鍋加水 2 米杯煮熟，再燜 15 分鐘，接著趁熱加入 2 大匙上白糖。

3. 用飯匙或擀麵棍搗到軟黏，但有一半還是看得見米粒的狀態。

4. 紅豆粒餡分成 45 公克 2 份、30 公克 4 份。

5. 外層裹的粉，一般黑芝麻粉都是熟粉，但黃豆粉不一定。如果買到生粉，用炒鍋乾炒至香味出現，即為熟粉。

6. 黑芝麻粉 20 公克＋糖粉 10 公克混合均勻；黃豆粉 20 公克＋糖粉 10 公克混合均勻。

7. 外層紅豆餡口味，將糯米飯取約 35 公克，塑成喜歡的形狀（橢圓形或圓球皆可），再用 45 公克的紅豆餡包覆飯糰。

8. 黑芝麻和黃豆粉口味，則以耐熱保鮮膜將 50 公克的飯包入 30 公克的紅豆餡，塑成喜歡的形狀（橢圓形或圓球皆可），外層均勻沾裹黑芝麻糖粉及黃豆糖粉。

孩子一起動手做

糯米飯的塑型跟飯糰很像，用耐熱保鮮膜來操作，會方便許多。傳統的牡丹餅常見橢圓形或
圓球形，可以讓小孩自由發揮，做出喜歡的形狀，再去裹餡料或粉料。

特別收錄

5 道超實用料理，
日式冷便當、加熱便當&野餐都適用！

玉子燒

玉子燒也就是日式蛋捲，蛋液加入的水分，除了日式高湯之外，為了方便我也會用牛奶、水取代。除了單純的原味玉子燒，它的變化也很多，香鬆、蔬菜碎一起加入蛋液，或捲起之前在每一層鋪上海苔等材料，切面都會有不同變化。

材料

蛋……3 顆
高湯（或牛奶／水）……1 大匙
鹽……1/4 小匙

做法

1. 蛋打散後加入高湯、鹽打勻。
2. 使用玉子燒專用鍋，以食物刷或廚房紙巾抹上一層薄薄的油。
3. 全程都開最小火，油熱後倒入第一層蛋液，鋪滿就好，不要太厚。
4. 待表面蛋液凝結後就用鍋鏟捲起到底，每捲一次時用鍋鏟背面輕壓一下，可幫助蛋捲更加密實。
5. 將蛋捲推到最頂端後，再倒入第二層蛋液。
6. 重複以上動作直到做出你想要的厚度，最後可用鍋鏟幫助整型。起鍋後放涼一下就可用熟食刀切片。

照燒雞腿

這是非常省時的照燒雞腿做法，不需要用到烤網或烤箱，只要使用不沾鍋，將雞腿煎熟後再收汁就可以了！如果想做成照燒雞腿排，就不需切塊，肉厚的地方可以先劃幾刀，才易煎熟。

▌材料

去骨雞腿排……400 公克
白芝麻……少許
〔照燒醬〕
清酒或米酒……1 大匙
味醂……1 大匙
醬油……1 大匙

▌做法

1. 將去骨雞腿切塊備用。並用清酒醃約 20 分鐘。
2. 〔照燒醬〕中的材料混合均勻。
3. 使用不沾鍋，鍋熱後將雞腿放入，雞皮朝下先煎，逼出油脂，再將兩面煎熟。
4. 倒入醬汁，拌炒均勻，讓每塊雞肉都裹住醬汁。
5. 至醬汁收乾即完成，中間需不時翻炒讓雞肉上色的程度差不多，食用前可灑上白芝麻。

肉捲

短時間就能完成的肉捲,是小孩便當中很常出現的菜色。使用的肉片不限哪一種部位,可以包裹的食材也很多,蘆筍、甜椒、四季豆、金針菇等等,最後煎熟可調醬汁去收,也可以灑上喜歡的鹽或調味粉。

材料

豬梅花肉片……約 7 片
蘆筍……1 把
〔調味料〕
醬油……1 大匙
米酒……1 大匙
糖……1 小匙

做法

1. 先將〔調味料〕全部混合均勻。
2. 蘆筍洗淨後,放入滾水中燙 30 秒,取出放涼。
3. 將肉片攤開,中間放置燙好的蘆筍,捲起並略微捲緊,收口在下方。
4. 鍋中熱油後,將肉捲收口朝下放入,一面煎熟後再翻面煎。
5. 煎約 9 分熟後,倒入醬汁,讓每個肉捲均勻裹住醬汁。
6. 收汁至濃稠即可,食用前可灑上白芝麻。

豆腐雞塊

利用板豆腐和雞胸肉做成的豆腐雞塊，柔軟好吃！如果家裡有小孩或是長輩，都很適合，不像一般單純用雞肉的雞塊多少有點硬度。這個配方豆腐的比例很多，用氣炸的話，上色會不均勻，而且表面容易過焦，建議還是用油炸或半煎半炸的方式較易控制。

▌材料

雞里肌肉……250 公克
板豆腐……200 公克
洋蔥……60 公克
太白粉……1 小匙
牛奶……1 小匙
植物油……1 小匙
鹽、黑胡椒……適量

▌做法

1. 洋蔥先放入食物處理機中攪碎。
2. 接著放入雞里肌肉（去除白色筋膜）、板豆腐攪成粗泥。
3. 再放入太白粉、牛奶、植物油及所有調味料打成細緻的團狀。如果沒辦法一次到位，太稀的話可以增加太白粉，太乾可以加牛奶，調整到好塑型的狀態即可。
4. 調味料的部分，可以依自己的喜好加入，如果喜歡沾醬，鹽可以放少一點。
5. 鍋中加食材一半高度的油，以半煎半炸的方式炸至兩面上色。塑型的時候可以在手掌上抹一點油，比較不會過於沾黏。

飯糰

一上桌就秒殺！在家做出70道收服孩子的餐廳級料理

飯糰的變化相當多，帶便當有時沒有靈感，我就會做成各式飯糰。這裡示範的是兩種烤飯糰（鹽昆布香鬆口味及醬油口味）的做法，烤過的飯糰有居酒屋的味道。如果不烤的話，就是一般的飯糰，大家可以依照自己的喜好做變化！

材料

白飯……200 公克	味醂……1 小匙
香鬆……5 公克	海苔粉……少許
鹽昆布……5 公克	熟白芝麻……少許
醬油……1 小匙	

做法

1. 先調製醬油口味的醬汁：將醬油及味醂混勻即可。
2. 製作飯糰的米飯最佳溫度為 60℃，不管是剛煮好還是加熱隔夜飯，沒有溫度計的話大約手碰到感覺溫熱而不燙為最佳溫度。將飯糰模具沾上一點點冷開水（以利脫模），裝入 100 公克的白飯。
3. 蓋上上蓋後壓緊、壓實，飯糰在煎烤時才不容易散掉。如果沒有模具也可以直接用手捏飯糰，雙手沾適量冷開水再捏製，較不易黏手。
4. 香鬆及鹽昆布趁熱拌進白飯中，與白飯飯糰同樣的製作方式，需壓緊、壓實。
5. 平底鍋中刷上均勻刷上油，油熱後放入兩種飯糰，以小火煎，放入飯糰及等會翻面的動作最好戴上手套，直接用手操作，鍋鏟輔助即可，以免飯糰散掉。一面煎至焦黃色之後再翻面，煎好先取出。
6. 白飯飯糰在兩面煎上色之後，一面刷上醬油醬汁，翻面煎個 5-10 秒，同時於另一面刷上醬汁，同樣翻面煎個 5-10 秒即可起鍋。千萬不要煎太久，沾上醬汁的米飯非常容易焦掉。
7. 盛盤之後，可灑上少許海苔粉及白芝麻，或其他喜歡的配料。

i 健 康 0 6 7

一上桌就秒殺！在家做出 70 道收服孩子的餐廳級料理

國家圖書館出版品預行編目 (CIP) 資料

一上桌就秒殺！在家做出 70 道收服孩子的餐廳級料理 / 胖仙
女(蔡宓苓)著 . -- 初版 . -- 台北市：健行文化出版事業有限公
司出版：九歌出版社有限公司發行 , 2024.3
　面；　公分 . -- (i 健康 ; 67)

ISBN 978-626-7207-56-7 (平裝)

1.CST: 食譜

427.1   113000286

作　　者 —— 胖仙女 (蔡宓苓)
攝　　影 —— 胖仙女 (蔡宓苓)
責任編輯 —— 曾敏英
發 行 人 —— 蔡澤蘋
出　　版 —— 健行文化出版事業有限公司
　　　　　　台北市 105 八德路 3 段 12 巷 57 弄 40 號
　　　　　　電話 / 02-25776564・傳真 / 02-25789205
　　　　　　郵政劃撥 / 0112295-1

九歌文學網　www.chiuko.com.tw

印　　刷 —— 晨捷印製股份有限公司
法律顧問 —— 龍躍天律師・蕭雄淋律師・董安丹律師
發　　行 —— 九歌出版社有限公司
　　　　　　台北市 105 八德路 3 段 12 巷 57 弄 40 號
　　　　　　電話 / 02-25776564・傳真 / 02-25789205

初　　版 —— 2024 年 3 月
定　　價 —— 400 元
書　　號 —— 0208067
Ｉ Ｓ Ｂ Ｎ —— 978-626-7207-56-7
　　　　　　9786267207574 (PDF)
　　　　　　9786267207581 (EPUB)

(缺頁、破損或裝訂錯誤，請寄回本公司更換)
版權所有・翻印必究　　Printed in Taiwan